语文新课标必读丛书

森林报·夏

（苏）比安基 / 著

余良丽 / 主编

知识出版社

图书在版编目（CIP）数据

森林报. 夏 / （苏）比安基著；余良丽主编. —— 北京：知识出版社，2015.6

（语文新课标必读丛书）

ISBN 978-7-5015-8658-5

Ⅰ.①森… Ⅱ.①比… ②余… Ⅲ.①森林–青少年读物 Ⅳ.①S7-49

中国版本图书馆CIP数据核字（2015）第137474号

森林报·夏

出 版 人	姜钦云	
责任编辑	周水琴　万　卉　王茜芷	
装帧设计	游梽渲	
出版发行	知识出版社	
地　　址	北京市西城区阜成门北大街17号	
邮　　编	100037	
电　　话	010-88390659	
印　　刷	北京柯蓝博泰印务有限公司	
开　　本	650mm×920mm　1/16	
印　　张	10	
字　　数	120千字	
版　　次	2015年6月第1版	
印　　次	2016年3月第2次印刷	
书　　号	ISBN 978-7-5015-8658-5	
定　　价	26.00元	

读书不仅是一种示范，更是一种引领。

我为什么需要文学？

我想用它来改变我的生活，改变我的环境，改变我的精神世界。

——巴　金

语文新课标必读丛书编选特色介绍

本套语文新课标必读丛书依据"新课标"整理。在编选过程中，我们去掉了原著中晦涩难懂的内容，保留了那些最经典的故事情节；我们用下划波浪线标注出精彩的词句，便于广大学生反复诵读和借鉴；有些难以理解的词语，我们都做了注释，能帮助广大学生更好地理解文意。

希望本套丛书能够带给广大学生美好的阅读体验，让他们在阅读的旅途中看到美景无限，收获多多。

◎最权威的无障碍阅读范本

——设置字词释义、批注点评、导读赏析、知识与考点等板块

教学一线名师结合实际教学重点、难点和高频考点，扫清学生在生难字词、阅读理解、感情思考等方面存在的阅读障碍，让每个学生彻底读透名著！

◎"新课标"推荐经典阅读书目

——素质阅读与教学考试相结合

所选作品部部精品，权威编译，引领学生们感受不朽经典的语言魅力，树立广阔的阅读视野与卓越的欣赏品读能力，在潜移默化中提升整体语文素养。

◎最受广大师生欢迎的名著读本

——全国名校班主任、语文老师和广大学生极力推荐

在全国多所名校进行师生试读体验，根据广大师生的意见和建议进行了多次反复修改而最终成书，被评为"最受师生欢迎的名著读本"！

附：名著阅读专项规划方案

阅读阶段	阅读要点	新课标必读推荐	阅读量与阅读方法
第一阶段	流畅阅读阶段（7~8岁）。在这个阶段里学生的知识、语法和认知能力是很有限的，所以阅读的内容不应复杂。	《唐诗三百首》《成语故事》《稻草人》《中华上下五千年》《木偶奇遇记》《伊索寓言》	读4~8本名著（兼顾中外），以简单与兴趣阅读为主，每周不少于6小时，以便从小养成良好的阅读习惯。
第二阶段	获取知识阶段（9~13岁）。在低年级阶段可以阅读不必专业知识辅助就能够理解的书籍；高年级阶段需要增加阅读的复杂性，以提高知识的积累。	《西游记》《水浒传》《三国演义》《海底两万里》《城南旧事》《鲁滨孙漂流记》《汤姆·索亚历险记》《安徒生童话》《格林童话》	阅读不低于8~15本左右的名著。应遵循由浅入深的原则，逐渐提高整体的鉴赏能力。精读3种名著，每周不少于6小时。
第三阶段	多角度了解人生阶段（14~18岁）。从一个初级阅读者逐渐成为一个成熟的阅读者。积累知识，提高自己的理解与思考能力，形成个人的认识。	《骆驼祥子》《童年》《简·爱》《钢铁是怎样炼成的》《假如给我三天光明》《老人与海》《朝花夕拾·呐喊》	这一阶段是人生品质形成的重要时期，结合整体素质品质（如意志、乐观、尊严等），进行重点阅读，以形成分析、思考、综合判断能力。每周阅读不少于6小时。

名师导航

认识作者

比安基，苏联著名儿童文学作家，有"发现森林第一人""森林哑语翻译者"的美誉。1894年2月11日，比安基出生在圣彼得堡一个生物学家的家庭。他的父亲是一位生物学家，在家里养着许多飞禽走兽。受父亲及这些终日为伴的动物朋友的影响，比安基从小就热爱大自然，对大自然产生了浓厚的兴趣，有一种探索其奥秘的强烈愿望。他后来报考并升入圣彼得堡大学物理数学系，学习自然专业，这与家庭的影响密不可分。

1923年，比安基成为圣彼得堡学龄前教育师范学院儿童作家组成员，开始在杂志《麻雀》上发表作品，从此一发而不可收拾。仅仅在1924年，他就创作发表了《森林小屋》《谁的鼻子好》《在海洋大道上》《第一次狩猎》《这是谁的脚》《用什么歌唱》等多部作品集。比安基一共发表了300多部童话、中篇小说集、短篇小说集，主要有《山雀的日历》《木尔索克历险记》《雪地侦探》《背后一枪》《蚂蚁的奇遇》以及动画片剧本《第一次狩猎》（1937）等。

《森林报》是比安基正式走上文学创作道路的标志。1924~1925年，比安基在《新鲁滨孙》杂志上开辟森林的专栏，这就是《森林报》的前身。从1927年《森林报》结集第一次问世出版到1959年，已再版9次，每次都增加了一些新内容，使《森林报》的内容更为丰富。比安基从事创作30多年，他以其擅长描写动植物生活的艺术才能、轻快的笔触、引人入胜的故事情节进行创作。1959年，比安基因脑出血逝世。

内容梗概

《森林报》是比安基最著名的作品。虽说《森林报》的名字带了一个"报"字，但是却不是一般意义上的报纸，因为它报道的是森林的事，森林里飞禽走兽、昆虫和花草树木的事。不要以为只有人类才有很多新闻，其实，森林里的新闻一点儿也不比城市里少。那里也有它的悲喜事。那里的居民有自己的房子、集体、朋友和敌人，有自己的大事件，有自己的生存方式，那里也有几家欢喜几家愁，也有自己的战争……

《森林报》是一部关于大自然四季变化的经典科普读物。在文中，作者用生动的文笔，采用报刊形式，以春、夏、秋、冬12个月为顺序，有层次、分类别地向我们报道了发生在森林中的故事，介绍了很多陌生而有趣的动植物。如顽强的秃鼻乌鸦、笨拙的琴鸡、残暴的猞猁、各色的蘑菇、善战的白桦……在作者的笔下，它们都被赋予了情感和智慧，春夏秋冬，分分秒秒都在上演着各种各样有趣的新闻，从而向读者展现了一个四季更替的、充满乐趣的森林世界。

作品评论

1. 维·比安基是"发现森林的第一人"。

——［苏联］斯拉德科夫

2.《森林报》是一部比故事书更有趣的科普读物，是一部关于大自然四季变化的百科全书，是几十年来影响巨大的科普名著。

——《外国文学史》

3.《森林报》是关于森林和其中"居民"的独特的百科全书。书中语言轻松优美，对孩子们的想象力会产生直接的影响。

——维基百科

4. 今天我们对大自然已经越来越陌生，这套书不仅使我们更加了解自然，更是激发了我们走出钢筋水泥的城市，去亲近自然的心，看完这套书，带着孩子一起出去走走吧。

——环保研究员　李阳

目　录

钓鱼和天气——乘船钓鱼——捉　虾

牧草的抱怨——田里喷了奇妙的水——被阳光灼伤——避暑的女客人"失踪"了——母鸡去疗养——绵羊妈妈的担心——浆果旅行——无秩序的餐厅——一个少年自然科学家讲的故事

既不猎鸟，也不猎兽——会跳的敌人——向跳岬进攻——会飞的敌人——两种蚊子——消灭蚊子——稀罕的事儿

注意！注意！——来自北冰洋群岛的回应——苔原也醒过神来了——来自中亚细亚沙漠的回应——来自乌苏里大森林的回应——来自库班草原的回应——来自阿尔泰山脉的回应——来自海洋的回应

幼鸟出世月（夏季第二个月）

森林里的小孩子——没有妈妈管的孩子们——无微不至地照顾孩子的妈妈——鸟的工作日——沙锥孵出了怎样的幼鸟——岛上的移民区——雌雄颠倒——可怕的幼鸟——小熊洗澡——浆　果——喝猫奶长大的兔子——小歪脖鸟的把戏——一场骗局——可怕的食虫花——在水底下斗殴——喜欢用水来冲——潜水的小矶凫——好玩的小果实——

结队飞翔月（夏季第三个月）

鸟儿筑巢月（夏季第一个月）

一年12个章节的太阳诗篇——六月

时间是不是过得很快呢？夏天转眼就到了！孵化的季节到了，森林里的动物小伙伴们盖好自己的房子了吗？它们的蛋在那里住得还舒服吗？来！来！来！跟着森林报的通讯员们一起去参观一下！

　　蔷薇花开的六月，候鸟都飞回来了，夏天开始了。一年当中，现在的白昼最长。在遥远的北极地带，现在已经完全没有黑夜了，太阳全天挂着。在潮湿的草地上生长的金莲花、驴蹄草、毛茛等植物，在强烈的阳光照射下显得尤为鲜艳，将草地染得一片金黄（一个"染"字形象地描写出草地上的花之多，颜色之鲜艳）。

　　在这段日子里，人们在阳光充足的黎明时分采集有药用价值的植物叶、茎和根，以备在突然生病的时候，将储存在这些植物身体里的阳光的生命力，转移到自己身上。

　　一年之中白昼最长的一天——6月22日——夏至日，就这样过去了。

　　从这一天起，白昼开始悄悄缩短，缩短的速度非常非常慢，就像春光增加的速度一样慢——不过还是让人有稍纵即逝的感觉！民间有种说法："透过篱笆缝，已经能看到夏天的头顶了……"

所有鸣禽都筑了自己的窠，所有窠里都有了蛋——各种颜色的都有！纤弱的小生命已经从薄薄的蛋壳下露出了生机。

动物们各有各的家

孵化的季节到了。林中居民都给自己盖了房子。

《森林报》的通讯员们决定去考察一下：那些飞禽、走兽、游鱼、虫儿都住在哪儿呢？它们过得怎么样？

用两个问句来作为本段的结尾，设下悬念，很自然地引出下文。

好 房 子

此时，动物们住满了整个树林，一点空地方都没有了。地面上、地底下、水面上、水底下、树上、草丛里、半空中，全住满了。

黄鹂的房子是盖在半空中的。黄鹂用大麻、小草茎和毛发，搭成一只轻巧的像小篮子似的小窝，把它挂在离地面很高的白桦树枝上。小鸟窝中放着黄鹂的蛋。说来让人难以置信，风摇动树枝的时候，鸟蛋也不会掉下来呢！

在草丛里盖窝的有百灵、林鹨（liù）、鹀和其他鸟类。我们的通讯员最喜欢的是鞭篱莺用干草和干苔搭成的窠。窠上面有个顶，有一扇小门开在侧面。

把房子盖到树洞里的，有鼯鼠（一种脚趾间有一层薄膜的松鼠）、木蠹曲、蠹虫、啄木鸟、山雀、椋鸟、猫头鹰和其他鸟类。

把房子盖在地底下的，有鼹鼠、田鼠、獾、灰沙燕、翠鸟和各种昆虫。

鸊鷉（pì tī）是潜鸟的一种。它的房子是用沼泽中的水草、芦苇和水藻堆成的，所以浮在水上。住在这个在湖里到处漂来漂去的房子里，好像乘木筏一样。

河榧（fěi）子和银色水蜘蛛则把小小的房子建在了水底下。

谁的房子最棒

我们的通讯员想找出一所最棒的房子。不过,要确定哪一所房子最好,可不是一件容易的事!

雕的窠是最大的,用粗树枝搭成,架在又高又粗的松树上。

黄脑袋戴菊鸟的窠是最小的,只有小拳头大小。原来它的个头比蜻蜓还要小呢!

田鼠的窝建得最有心计,有许多备用的入口、出口。谁都别想在它的窝里捉住它。

卷叶象鼻虫的房子最精致,它是一种有长吻的甲虫,它先将白桦树叶的叶脉咬下来,等叶子变得枯黄的时候,它就把叶子卷成筒儿,再用唾液粘上。雌虫就在这圆筒状的小房子里面产卵(生动细致地描写了象鼻虫造房子的过程,给人身临其境的感觉)。

花脖子的勾嘴鹬和昼伏夜出的欧夜莺的窠是最简单的。勾嘴鹬直接把它的 4 个蛋下在小河边的沙地上,而欧夜莺则把蛋下在了树下那些坑坑洼洼的枯叶堆里。这两种鸟都不肯花费力气去盖房子。

反舌鸟的窠是最漂亮的。它把自己的窠搭在白桦树枝上,用苔藓和轻巧的白桦树皮来装饰。为了美观,它还到一所别墅的花园里,捡一些人们丢在那里的彩色纸碎片,然后把它们编在窠上当作装饰品。

长尾巴山雀的小窠是最舒服的。这种鸟还有个外号叫作"汤勺子",因为它的身子极像一只舀汤用的汤勺。它的窠内层垫着绒毛、羽毛和兽毛,外层包着苔藓和地衣。窠的形状圆圆的,像个小南瓜;在窠顶正中间,有个小小的、圆圆的入口。

河樗子幼虫的小房子是最轻便的。河樗子是一种有翅膀的昆虫。当它们落地的时候,会收拢翅膀,将其盖在脊背上,正好遮住整个身体。但河樗子的幼虫却没有翅膀,浑身光溜溜的,无以蔽体。它们住在小河或是小溪的底部。河樗子的幼虫会找一根细枝或是芦苇秆儿,长短跟自己脊背差不多,然后将一个沙泥小圆筒粘在上面,自己倒爬进去。这该

多么方便啊！要么把整个身体藏在小圆筒里，在那里高枕无忧，谁也不会看见它；要挪挪地方，就把前脚伸出来，背起小房子在河底爬一会儿——反正这所小房子轻便得很呢（把河榧子幼虫在它的小房子里悠然自得的形态描写得活灵活现）。某只河榧子的幼虫在河底找到一根香烟嘴儿，就钻了进去，然后随着香烟嘴儿到处旅行。

银色水蜘蛛的房子是最奇怪的。这种蜘蛛住在水底，在水草间织了一张蜘蛛网，用它那毛茸茸的肚皮从水面上弄来一些气泡，然后放在蜘蛛网下面。水蜘蛛就在这种有空气的小房子里居住。

问答：谁的房子最大？谁的房子最小？谁的房子最轻便呢？

还有谁会盖房子

本报通讯员还找到了鱼类的窝和野鼠的窝。

刺鱼给自己造了个地地道道的窝。盖房子的工作是由雄刺鱼来完成。它盖房子的时候，通常只选那些分量较重的草茎，即便用嘴将这种草茎从河底衔到水上去，它也不会漂浮的。雄刺鱼把草茎固定在河底的泥沙里，然后用唾液把它们粘牢，变成墙壁和天花板，再用苔藓把四周一个个的小窟窿堵上。它在墙上开了两扇门（将刺鱼筑巢的过程描写得生动细致，从中可见作者的观察敏锐而细致）。

小老鼠的窝跟鸟窠完全一样，都是由草叶和撕得细细的草茎编成。它的窝架在刺柏树的树枝上，大概离地面两米高。

动物用什么材料盖房子

森林里的动物们用各种各样的材料盖房子。

爱唱歌的鸫鸟的窠是圆的，它用朽木上的胶质物涂窠的内壁，就跟我们用洋灰涂刷墙壁似的。

家燕和金腰燕的窠由烂泥做成，它们用自己的唾液将泥窠粘得牢牢的。

黑头莺用细树枝建窠，用它那又轻又黏的蜘蛛网，将那些细树枝粘得牢牢的。

䴓（shī）鸟是一种能头朝下，在笔直的树干上跑上跑下的小鸟。它把家安在洞口开得很大的树洞里。它害怕松鼠闯进它的家，就用胶泥将洞口封严，只留一个自己勉强能挤进去的小洞（暗示了作者对这些小动物的关心和怜惜之情）。

毛色翠蓝、腹部带咖啡色斑纹的翠鸟盖的房子最有趣不过了。它在河岸挖了一个很深很深的洞，在自己那小房间的地板上铺了一层细鱼刺儿。这样，就有了一条软绵绵的床垫子了。

借住别人的房子

不会盖房子，或者懒得自己盖房子的动物们，就借住别人的房子。

杜鹃把蛋下在鹡鸰、知更鸟、黑头莺等善于做窠的小鸟的窠里。

林子里的黑勾嘴鹬找到一个旧乌鸦窠后，就在里面孵起幼鸟来了。

船砢鱼非常喜欢被主人们遗弃的虾洞。这种虾洞一般在水底的沙壁上。船砢鱼就在那些小洞里产卵。

有一只麻雀把窠安排得极为巧妙。

它先是把窠盖在屋檐下，却被男孩子们捣毁了。

后来，它又在树洞里安了家，可是麻雀蛋都被伶鼬偷走了。

于是这只麻雀就把家安置在雕的大窠里了。雕的大窠是由粗树枝搭建而成，麻雀的小房子就安置在这些粗树枝之间，非常宽敞。

现在，麻雀可以高枕无忧，谁都不用怕了。庞大的雕根本不会注意这小小的鸟儿。至于那些伶鼬啊、猫啊、老鹰啊，还有男孩子们，再不会去破坏麻雀的窠了，毕竟大雕是谁都怕的呀！

大 公 寓

林子里也有大公寓呢！

蜜蜂、大黄蜂、丸花蜂和蚂蚁盖的房子，可以住得下成百上千的房客。

成群的秃鼻乌鸦占据着果园、小树林，将其视为自己的移民区；鸥占据着沼泽、沙岛和浅滩；灰沙燕则在陡峭的河岸上凿出了数不清的小洞，将河岸弄得像筛子似的。

窠里有什么呢

鸟窠里面都有蛋。一种鸟蛋一个样儿。

不同的鸟下不同的蛋，这里面大有深意。

勾嘴鹬的蛋上全是些大小不等的斑点；歪脖鸟的蛋是白色里稍微透着点粉红色。

歪脖鸟的蛋藏在深邃、黑暗的树洞里，轻易不会被别人发现；而勾嘴鹬的蛋是径直下在草墩子上，完完全全暴露在外面。如果鸟蛋是白色的，随便是谁一眼就能看到，所以鸟蛋的颜色跟草墩子一样。很可能你发现不了它们，还可能会一脚踩上去（作者选择这两种差异很明显的蛋来比较，突出了这两种蛋的特点）。

野鸭的蛋也差不多是白色的，不过它们的窠建在草墩子上，而且也是完全暴露的。因此野鸭不得不要点小聪明：当它们离开窠的时候，会啄下自己腹部的绒毛盖在蛋上。这样蛋就不会被轻易发现了。

为什么勾嘴鹬的蛋有一头很尖，而猛禽兀鹰的蛋却是圆的呢（反问的手法使文章句式富于变化，同时也引发读者思考）？

这道理其实很简单：勾嘴鹬个头很小，身子只有兀鹰的五分之一，而勾嘴鹬的蛋却很大，它的蛋有一头尖尖的，这样尖头儿对尖头儿，紧靠在一起才不会占很大的地方。否则，它那小小的身体怎么能盖住那么大的蛋呢？

可是，为什么小勾嘴鹬的蛋，却跟大兀鹰的蛋差不多大呢？

关于这个问题，只好等幼鸟破壳而出之时，在下期《森林报》上解答了。

阅读鉴赏

　　作品中作者用生动俏皮的语言、活泼流畅的笔调细致地描述了夏天森林中动物们筑巢的过程和各式各样颇具特色的巢穴，令人耳目一新！俗话说，文如其人。在动物世界里，它们各自的巢穴就是它们自己的作品，也能反映出动物本身的特点，给我们提供了一个全新的视角去感知动物的生活。

拓展阅读

夏 至 日

　　夏至日，即每年6月22日左右，太阳几乎直射北回归线，是太阳光照在一年中所能达到的北半球最高的纬度，也是北半球一年中白昼时间最长的一天，且越往北白昼时间越长，黑夜越短，北极圈内会出现极昼现象。在南半球，纬度越高的地方黑夜越长，白昼越短，南极圈内会出现极夜现象。

导　读

　　这里是动物的家园，这里也是植物的国度，这里就是热热闹闹的森林。听说，狐狸把老獾撵走；听说，森林里出现了夜行杀手；听说，有一种花会变戏法……到底森林里又发生什么新鲜事儿了呢？让森林报的通讯员们给你细细道来吧！

狐狸是怎么把老獾撵走的

　　狐狸家里遭殃了——洞里的天花板塌了，还差点把小狐狸压死。

　　狐狸一看，大事不好，非得搬家不可了。

　　狐狸去了獾的家。獾的洞很好，是它自己挖的。有很多个出口、入口，分岔地道纵横交错，这都是为了防备敌人出其不意的袭击的。

　　獾的洞很大，能住得开两家子。

　　狐狸央求獾借给它一间房子，獾一口回绝了。獾这个房东要求很高：要干净，要整齐。怎么能让带着孩子的狐狸住进来呢！

　　獾把狐狸撵走了

　　"哼！"狐狸心想，"等着瞧吧(这句心理描写把狐狸不甘心的心理刻画得活灵活现)！"

　　狐狸假装钻进林子里，其实是悄悄地躲在灌木丛后，坐在那儿等着獾出洞。

獾探头张望了一下洞外，以为狐狸已经走了，就放心地爬出洞，去林子里找蜗牛吃了。

狐狸一溜烟儿地钻进獾洞，在洞里拉了一堆屎，然后又把洞里的东西弄得乱七八糟的，然后就溜了。

獾回家一看：天啊！怎么这么臭！它气得哼了一声，就到别的地方挖洞去了。

狐狸正求之不得呢。

它把小狐狸都叼了过来，住进了这个舒适的獾洞。

有趣的植物

浮萍差不多占据着整个池塘。有些人管浮萍叫苔草。其实它们不一样的。浮萍是一种非常有趣的植物，跟别的植物不一样。<u>它有细小的根，有浮在水面上的绿色小圆片儿，上面凸起一个椭圆形的东西。这些凸起物就是浮萍的茎和枝，长得就像小烧饼似的</u>（把圆形的凸起物比作小烧饼，生动活泼，联想丰富）。浮萍这种植物没有叶子。有时候会开几朵花，不过非常罕见。浮萍不必开花，它繁殖得又迅速又简便，只要从这圆圆的茎上脱落下来一个圆圆的枝，这一株浮萍就变成两株了。

浮萍生活得可真是不错，自由自在的，四处为家，什么也不能束缚它。有野鸭从它身边游过的时候，浮萍就紧紧地挂在野鸭的脚蹼上，随着野鸭飞到另一个池塘。

会变戏法的花

在草场和林间的空地上，绛紫色的矢车菊开花了。每当我看见它们，就能想起伏牛花来，这两种花有个相同点，就是都会变小小的戏法。

矢车菊的花不是一朵朵的，而是由很多状如头的花序组成。它那些蓬松的、犄角似的漂亮小花儿，都是无实花。真正的花长在中间，是很多深绛紫色的管状花。这些管状花里，有一根雌蕊和数根会变戏法的雄蕊。

只要碰一碰那些绛紫色的细管子，它们就会往旁边一歪，然后从管子里的小孔中冒出一小团花粉来。

　　等过一会儿，你要是再碰小花儿，它又会一歪，再冒出一团花粉来。

　　这些花粉可没有白白浪费掉。每逢有昆虫向矢车菊要花粉，它就会给一点。拿去吃也行，沾到身上也行——只要能带一点点花粉到另一朵矢车菊上就行了。

　　就是这么一套小小的戏法（将整个过程描写得形象又细腻，让人觉得仿佛就在眼前变戏法一样）！

尼娜·巴甫洛娃

神出鬼没的夜行杀手

　　林子里冒出了一个神出鬼没的夜行杀手，闹得林中鸡犬不宁。

　　每天夜里，总会失踪几只小兔子。闹得小鹿啊，琴鸡啊，松鸡啊，榛鸡啊，兔子啊，松鼠啊，都没有安全感了，一到夜里就觉得快要大难临头。不管是灌木丛中的小鸟，树上的松鼠，还是地上的老鼠，都难以预料什么时候会遭到偷袭（营造出一种紧张的气氛，从侧面烘托出了这个夜行杀手的神秘和恐怖）。神出鬼没的杀手有时候会突然现身于草丛中，有时候也会突然现身于灌木丛里，还有时候出现在树上。好像不止有一个杀手，而是有一大帮呢！

　　几天前的一个晚上，有一个小獐鹿家庭：獐鹿爸爸、獐鹿妈妈，还有两只小獐鹿，它们全家到林中的空地上吃草。獐鹿爸爸站在离灌木丛八步远的地方放哨，獐鹿妈妈带着两只小獐鹿吃草。

　　突然间，从灌木丛里蹿出一个黑乎乎的东西，直接扑到獐鹿爸爸的背上。獐鹿爸爸倒在地上，獐鹿妈妈带着两只小獐鹿拼命地逃向森林深处。

　　第二天早上，獐鹿妈妈回到林间空地上去看，此时的獐鹿爸爸只剩下犄角和蹄子了。

　　昨天夜里麋鹿也遭到了袭击。当它穿过密林时，发现有一棵树的树枝上好像长着个奇怪的大木瘤。

麋鹿算是森林壮汉子，它怕过谁啊？它长着那么一对大犄角，甚至连熊都不敢攻击它。

麋鹿来到那棵树下，正要抬头看个究竟，突然有一个可怕的、体重足有一普特①重的东西，一下子扑到它的脖子上。

如此出其不意，麋鹿当然吓坏了。它猛晃了一下头，把杀手从背上甩走了，然后头也不敢回地撒腿就跑。所以，它也就没弄明白那个神秘的夜间杀手究竟是谁。

林子里没有狼，况且狼也不会上树啊！而熊呢？现在钻进密林里，正懒得动弹呢！再说了，熊也不可能从树上跳到麋鹿脖子上的。那么，这个神出鬼没的夜间杀手究竟是谁呢（增添了这个"夜行杀手"的神秘感，留下悬念，引人联想）？

目前，还没有找到真相。

欧夜鹰的蛋不翼而飞

本报通讯员找到了一个欧夜鹰的窠，里面有两个蛋。当有人靠近窠的时候，欧夜鹰妈妈就从蛋上飞走。

本报通讯员并没有动这个窠，只是悄悄地在这个窠所在之处做了个记号。

过了一个小时，他们又回去看这个窠，结果，此时窠里的鸟蛋已经不见了。

鸟蛋跑到哪里去了？两天后，他们才弄明白：原来是欧夜鹰妈妈把蛋衔到别处了，它担心人们会来捣毁它的窠，掏走窠里的蛋。

---

① 普特：沙皇时期俄国的主要计量单位之一，约为16.38千克。

勇敢的小鱼

前面我们已经提到过，雄刺鱼在水底做了一个什么样的窠。

房子一盖好，雄刺鱼就找了一位妻子，把它带回家了。刺鱼太太进门后，产下鱼子，然后就立刻游走了。

雄刺鱼又去找了第二位刺鱼太太，然后又找了第三位、第四位，可是这些刺鱼太太都离开了它，只留下它们产的鱼子给雄刺鱼照管。

雄刺鱼留下来独自守护家园，它的家中堆满了鱼子。

河里有好多觊觎新鲜鱼子的家伙。可怜的小个子雄刺鱼，不得不守卫自己的窠，与那些凶猛的水中恶魔抗争。

不久前，有一条贪吃的鲈鱼袭击了它的窠。这个小个子主人勇敢地与那个怪物搏斗着。

刺鱼竖起身上的 5 根刺——3 根在脊背上，2 根在肚子上——机智地对准鲈鱼的鳃戳去！

鲈鱼全身都披着坚硬的鱼鳞铠甲，只有鳃部没有遮蔽物。鲈鱼被勇敢的小刺鱼吓了一大跳，就仓皇逃走了。

谁是凶手

今天夜里，林子里又出了一起凶杀案，遇害者是树上的松鼠。我们勘察了现场，根据凶手留在树干上、树底下的爪印，终于弄明白了这个神秘杀手是谁。不久前害死獐鹿爸爸的就是这种动物，闹得整个林子的动物都惶恐不安的也是这种动物。

看了爪印，我们判断凶手就是来自我国北方森林的"豹子"，也就是残酷凶猛的"林中大猫"——猞猁（shē lì，属于猫科，体形似猫而远大于猫）。

小猞猁们已经长大了。这时猞猁妈妈带着它们在整个林子中乱跑，在一棵棵树上蹿来蹿去。

它的视力在夜晚时跟白天一样好。谁要是在睡觉前没有躲起来，那可要倒霉了！

6 只脚的 "鼹鼠"

本报的一位通讯员从加里宁州发来了一份报道：

"为了练习爬树，我在地上竖起一根杆子。我在掘土的时候掘出了一只小野兽，它的前掌上有脚爪；背上有两片像翅膀似的薄膜；身上长着像兽毛一样又短又密的棕黄色的毛。这只小动物身长5厘米，有点像黄蜂，也有点像鼹鼠。可是它长着6只脚，根据这个特征可以知道，它是一种昆虫。"

来自编辑部的解答

这种独特的昆虫就是蝼蛄。它长得的确有点像野兽。难怪它有一个像野兽般的外号，叫"赛鼹鼠"。它长得最像鼹鼠——前掌很宽大，是掘土的好手。除此之外，蝼蛄的两条前腿还有个特征，就是生得像剪刀一样。它在地下来来往往的时候，就是用这两条前腿剪断植物的根。而强壮的鼹鼠在对付这种根时，用它那强有力的爪子或是锐利的牙齿就可以了。

蝼蛄的腭上，生着一副锯齿般弯弯的薄片，就跟牙齿似的（形象生动地写出了蝼蛄前腿和腭上薄片的锐利）。

蝼蛄的一生多半是在地下度过的。它像鼹鼠一样，挖掘地下通道，在地下产卵，然后在那上面堆个土堆儿，跟鼹鼠窝似的。此外，蝼蛄还有软软的大翅膀，它飞得很好，在这方面，鼹鼠可不及它。

在加里宁州，蝼蛄很少见，在我们列宁格勒州就更少了。可是，南方各州的蝼蛄就很多。

要想找到这种昆虫，就要去潮湿的土里找，最好是去水边、果园或是菜园里。可以用以下方法捉到它：每天晚上都往同一个地方浇水，再用木屑盖住那块地方。到了半夜，蝼蛄自然就会往木屑下的稀泥里钻。

刺猬救了她

玛莎一大早就醒了，急急忙忙穿上连衣裙，光着一双小脚丫就跑到林子里去了。

　　林子里的小山冈上生长着许多草莓果，玛莎麻利地摘了一小篮，就蹦蹦跳跳地往回走，双脚踩在沾满露水的冰凉草墩子上。冷不防脚底一滑，痛得她大叫起来，原来是她的一只赤裸的小脚丫滑下了草墩，被什么坚硬的刺儿戳得流血了。

　　原来她踩到了一只蹲在草墩下的刺猬。这时，它把身子缩成一团，"噗噗"地叫了起来。

　　玛莎哭了起来，坐在身旁的草墩子上，用裙子擦拭着脚上的血。一旁的刺猬不叫了。

　　突然，有一条背上生着黑色锯齿形条纹的大灰蛇径直向玛莎爬了过来，这居然是一条有毒的蝰蛇！玛莎吓得浑身都软了，蝰蛇吐着它叉状的舌头，向玛莎靠近。

　　正在这时，刺猬挺起身子，向蝰蛇奔去。蝰蛇迅速挺起整个上半身，像鞭子似的向刺猬抽去。于是，敏捷的刺猬连忙竖起浑身的刺迎了过来。蝰蛇惊恐地狂叫着，想转身逃走。但刺猬却已经扑到了蛇的身上，从后面咬住了它的脑袋，用爪子扑打着它的脊背。

　　这时候，玛莎才缓过神来，跳起来急忙跑回家了。

蜥蜴

　　我在林子里的某个树桩旁，捉到了一只蜥蜴，然后就把它带回家了。我在一只大玻璃罐里铺了细沙和石子，把蜥蜴养在里面，每天更换罐子里的土、草、水，还往里放一些苍蝇、甲虫、幼虫、蛆虫、蜗牛，等等。蜥蜴每次都狼吞虎咽地吃着。它特别喜欢吃在甘蓝丛里的那种白蛾子。它迅速地把小脑袋一转，向白蛾子张开嘴，吐出叉状小舌头，然后向那美味的食物扑了过去，活像猎犬扑向骨头。

　　某天早晨，我发现在小石子之间的细沙里，有十多个椭圆形的、又软又薄的小白蛋。蜥蜴选了一个恰好能晒到阳光的地方孵蛋。一个多月后，蛋壳破了，钻出来十多只动作灵敏的小蜥蜴，长得极像它们的妈妈。

现在，这一家子都爬上小石头，悠闲地晒太阳呢！

《森林报》通讯员　谢斯嘉克夫

燕子的窠

6 月 25 日

每天我都眼瞅着一对燕子辛苦地衔泥筑窠。燕子窠一点一点地变大了。它们一大早就起来干活儿，中午用两三个小时来休息，然后接着修修补补，一直忙到太阳下山。当然，总是不停衔泥去粘，也是粘不住的——得让稀泥干透才行呀！

有时候，其他燕子也飞来这里拜访它们。如果猫没在房顶上盯着，小客人们就会在屋檐上待一会儿，和和气气、叽叽喳喳（形容细碎的说话声）地聊一会儿天。新居的小主人是不会赶走它们的。

现在，燕子窠的形状已经像一轮下弦月了，就是月亮由圆至缺，两只尖角朝向右时的样子。

我完全理解，为什么燕子窠的左右两边增长不均匀。因为这个窠是雄燕子和雌燕子一起做的，不过它们的努力程度不同。雌燕子把泥衔回来的时候，总是头朝左边落下；雌燕子干活儿很卖力，不停往窠的左侧粘泥，而且出去衔泥也比雄燕子勤快。雄燕子一飞走，就是几个小时不回来，一定是在云霄里和其他燕子追逐打闹吧！雄燕子把泥衔回来的时候，总是头朝右边落下。当然它做窠的速度落在了雌燕子的后面（通过鲜明的对比，突出了雄燕子的懒惰），所以，燕子窠的右半边比左半边短一块。

雄燕子怎么那么懒！它也不知道害羞！按理说，它可比雌燕子强壮啊！

6 月 28 日

燕子已经不出去衔泥了，它们开始衔干草和绒毛回来铺成垫子。我

17

真没料到，它们如此周到地计算着整个工程的进度——原本就应该让窠的两边不均匀地增长！雌燕子把窠的左边筑到顶，雄燕子这一边却始终没有筑完。如此一来，这个窠就变成右边缺了一角的泥球，右上角留的是一个洞口——这就是它们家的门口呀！不然的话，这对燕子可怎么进家门呢？闹了半天，我当初是冤枉雄燕子了。

今晚，雌燕子搬进了新房子过夜。

6月30日

燕子窠做好了。雌燕子总是窝在家里不出去，大概它已经产下第一个蛋了。雄燕子时不时给雌燕子衔回一些小虫儿，还不住地唱着，叽叽喳喳地说着什么，欢欢喜喜地祝福着。

那一群燕子客人又飞来拜访了。它们一只挨着一只地从燕子窠旁飞过，张望着窠里，扑扇着翅膀。此时，燕子窠的女主人从窝里伸出头来，说不定它们会亲吻这位幸福的女主人呢！小燕子们叽叽喳喳地热闹了一阵子，然后就散了。猫儿常会爬到屋顶上往屋檐下张望。它是不是也急切地盼望着小燕子出世呢？

7月3日

两周以来，雌燕子一直窝着不大出门。只有在中午——一天之中最暖和的时候，它才会出来飞一会儿，中午时娇嫩的蛋不太容易受凉。雌燕子在屋顶上盘旋着，捉了几只苍蝇吃，再飞到池塘边，低低掠过水面找水喝，喝够了就又飞回窠里。

不过今天，燕子夫妇开始双双忙碌地从窠里飞进飞出了。有一次，我看到雄燕子衔着一片白色的蛋壳，雌燕子衔着一只小虫儿。猜得出来，窠里已经有小燕子了。

7月20日

不得了啦！太可怕了！猫儿爬到屋顶，几乎把整个身子倒挂在梁木上，想用爪子去窠里掏小燕子。小燕子"啾啾"地叫得真可怜啊（小燕子可怜的叫声，不禁让读者的心一紧，增强了文章的感染力）！

在这个节骨眼儿上，有一大群燕子不知从哪儿飞来了，大声地尖叫着，急急地飞着，差一点撞到猫儿的脸上。嗬！有一只燕子险些被猫儿抓住！这可不得了啦！猫儿又向另一只燕子扑过去了……

太好了！这个灰家伙扑了个空——它脚一滑，扑通一声摔下去了……

倒是没摔死，可也够要命的。它"喵呜喵呜"地叫了几声，一瘸一拐地离开了。

活该！这回它再也不敢吓唬燕子了。

《森林报》通讯员　维立卡

小燕雀和它的妈妈

我家的院子里，花草长得非常茂盛。

我走在院子里，突然从我脚底下飞出了一只小燕雀，小脑袋上长着两撮绒毛，看着跟犄角似的。它飞了一会儿，又落了下来。

我捉住它，带回了家。父亲建议我把它放在打开的窗口前。过了不到一个小时，小燕雀的爸爸妈妈就飞到窗边来喂它了。

就这样，它在我家住了一天。到了晚上，我把窗户关上，然后把小燕雀放进笼子。

清晨5点，我醒来后发现小燕雀的妈妈嘴里叼着一只苍蝇，落在窗台上。我赶紧打开窗户，然后躲在屋子的一角暗暗观察。

过了一小会儿，小燕雀的妈妈又飞回来落到窗台上了。小燕雀尖叫起来——是肚子饿了，要吃东西啊！这时，燕雀妈妈才下定决心飞进屋，来到笼子前，隔着笼子喂它的孩子。

后来，当燕雀妈妈又飞去找食物时，我把小燕雀从笼子里放了出来，

送到了院子里。

等我想起来再去看小燕雀时，已经找不到它了——燕雀妈妈把自己的孩子领走了。

《森林报》通讯员　贝克夫

金　线　虫

有一种神秘的生物——金线虫，生长在江河、湖沼和池塘里，甚至也生长在普通的深水坑里。据老人们说，那是死而复生的马的鬃毛，当人们洗澡时，它会钻到人的皮肤里，并在其中游走，让人感到奇痒无比（加入一段比较夸张离奇的传说，增添了金线虫的神秘色彩）……

金线虫酷似一根根棕红色的毛发，不过更像被钳子钳断的一截截金属丝。它实在很坚硬，以至于把它放在一块石头上，用另一块石头去敲，它也毫发无伤，还在不停伸缩，狡猾地卷成一个奇妙的团儿。

事实上，金线虫是一种无害的、没有脑袋的软体动物。雌金线虫的肚子里都是卵，这些卵在水里孵成长着角质的长吻以及钩刺儿的幼虫。这些幼虫寄居在水栖昆虫的幼虫身上，钻到它们体内，然后被外皮包起来。此后，如果它们的"主人"被水蜘蛛吞到肚里，它们的一生可能就完了。如果有机会进入新"主人"体内，它们就会变成没有脑袋的软体动物，钻进水里吓唬那些有点迷信的人们。

用枪灭蚊

国立达尔文禁猎禁伐区的办公区坐落在一个半岛上，岛周围是雷滨海。这是一个新的、特殊的海——不久前，这里是一片森林。海水很浅，有片水面还残留着树梢。这里的海水是淡水，因此水里有数以万计的蚊子。这一大群小吸血鬼钻进科学家们的实验室、餐厅以及卧室里，闹得大家没法工作，饭也吃不下，觉也睡不着。

到了晚上，就听到每个房间里都会突然间响起霰弹枪的枪声。

出什么事儿了呢？并不是什么特别的事情，不过是在用枪灭蚊子呢（运用了设问的手法，自问自答，起到了承上启下的过渡作用）。

当然了，装在子弹筒里的不是子弹，也不是铅霰弹，而是科学家们将少量打猎用的火药，装进了子弹筒，再堵上一个结实的填弹塞，然后将杀虫粉慢慢地填入子弹筒，不让它漏出来。

这样，杀虫粉就像一阵极细的灰尘似的，弥漫在整个建筑物里，填满每一个缝隙，全方位杀虫。

一位少年自然科学家的梦

一位少年自然科学家正准备在他的班上做个报告，题目为"我们如何跟森林和田地里的害虫做斗争"。他正在用心地搜集材料。

他读到了这样一段："用机械和化学方法灭甲虫，水泵的经费会超过13700万卢布。用人工方法灭了1301万只甲虫，若是把这些甲虫装进火车，那要用813节车厢；为了与甲虫作战，每天每一公顷（0.01平方千米）土地上要用20~25人……"

少年自然科学家感到有点头晕，这一串串数字就像一条长蛇，拖着由许多零构成的长尾巴，在他眼前晃啊晃的。还是躺下睡觉吧。

他被噩梦折磨了一夜。梦里都是一队接一队的甲虫、幼虫和青虫，从森林深处爬出来，爬过田地，将田地团团包围，要毁掉整片田地。他用手把一些虫子掐死了，又拖来水龙带，将杀虫药水浇在它们身上，可还杀不死它们。只见它们不断涌过来，所到之处都变成了一片荒漠……少年自然科学家被噩梦吓醒了。

等到了早上，才发现事情并没有梦中那么可怕。少年自然科学家在报告中提出建议：在爱鸟节前，大家要做好一大批椋鸟屋、山雀窠以及树洞形鸟窠。鸟儿捉虫的本领，可比人大得多，而且鸟儿不拿工资，免费干活儿！

请 试 验

据说，如果在四周有铁丝网，没有顶的养禽场上，或是在没有顶的笼子上，松松地交叉着拉上几根绳子，那么猫头鹰、雕、鹗在扑向养禽场或是笼子里的飞禽之前，都必定先落到绳子上歇脚。猛禽们以为这绳子很坚固，可只要它一落到绳子上，就会倒栽葱。因为绳子太细了，而且又很松。

猛禽们跌个倒栽葱后，会头朝下一直挂到你去捉它为止——在这样的情况下，它是不敢扑扇翅膀的，生怕栽到地上摔死。等到你有空时，就可以把这个小偷从绳子上取下来了。

请亲自试验一下，看看这是不是事实。你也可以用粗铁丝来代替绳子。

"鲈鱼测钓计"

据说，你若打算去哪个湖或是哪条河里钓鱼，可以先从那里捞几条小鲈鱼，养在鱼缸里，或是盛果子酱的大玻璃罐里。这样的话，你就能随时预测出在那天，你该不该去那里钓鱼。在出发前，先喂一喂小鲈鱼，如果它们游过来活泼地抢食吃，就说明那天适合钓鱼——鲈鱼和其他鱼都容易上钩；如果它们不吃，就说明湖里或是河里的鱼那天没有食欲，说明气压不对劲，天气马上要变了，也许将有雷雨。

鱼类对空气和水里的一切变化都是非常敏感的。根据鱼类的行动，可以预测几小时后的天气变化。不过，每个热爱垂钓的人都应该试验一下，看看在室内环境和在露天环境下，这种活的"天气预报"是否同样准确。

"天上的大象"

天上有一团乌云在飘，真像一头大象。它不时让它的"长鼻子"落地，地上就会扬起尘埃，尘埃盘旋着，越转越大，终于和天上的"长鼻子"连成了一片，变成一根顶天立地的，旋转着的大柱子。天上的大象将这根大柱子搂入怀里，继续疾驰在天空中（运用比喻、拟人的修辞，将复杂的自然现象描写得通俗易懂，形象生动）。

　　"天上的大象"飘到一座小城市的上空后，就不走了。一场倾盆大雨从"大象"身上落下！落在屋顶和人们撑起的雨伞上，一阵乒乓乱响。你猜是什么东西敲得它们发出响声？原来这场大雨中夹杂着好多小蝌蚪、小青蛙和小鱼。它们落到大街上的水洼里，还在乱蹦乱窜着。

　　后来人们才弄明白："天上的大象"是靠龙卷风（从地上一直旋转着卷到天上去的巨大旋风）的帮忙，从森林中的一个小湖里卷起好多水，裹着水里的蝌蚪、青蛙和小鱼，在天上跑了很远以后，将自己的"猎物"丢到了小城市，然后又自顾自地继续向前跑了。

阅读鉴赏

　　作者用活泼生动的语言描述着动物间的喜怒哀乐，体现出一种对动物的人文关怀。作者采取日记、新闻报道、悬疑故事等多种方式，叙述着林中大事，向我们展示了森林中有趣又复杂的生活情景，其中有关爱，也有竞争；有冲突，也有合作。其实，世界上形形色色的生命都是这样，既相互竞争又相互合作，彼此在相互制衡中获得生存。

拓展阅读

龙卷风

　　龙卷风是在极不稳定的天气情况下，由两股空气强烈对流运动而产生的一种伴随着高速旋转的漏斗状云柱的强风涡旋。风速一般每秒50~100米，有时可达每秒300米。一般伴有雷雨，有时也伴有冰雹。

绿色的朋友

导　读

　　森林是我们绿色的朋友，它曾经是那样的无边无际。但是后来，由于人类的乱砍滥伐，很多地方都失去了森林的保护。没有森林这个大屏障，人们的生活会变成什么样呢？

　　我们的森林好像曾经大得无边无际。可是很久以前，森林的主人并不懂得保护森林，爱惜自然资源。他们毫无节制地乱砍滥伐，被砍光了的地方，就变成了沙漠和峡谷。

　　农田四周没有森林做屏障，来自遥远沙漠的干热风就会来进攻农田。滚烫的沙子把田地覆盖了，庄稼都被烧死了。没有谁能有办法保住这些庄稼。

　　江河边、池塘边和湖泊边都没有森林了，便开始干涸，峡谷也来进攻农田。

　　于是人们对干热风、土地沙化以及峡谷宣战了。

　　人们的绿色的朋友——森林，就成了人们的一个好帮手。

　　哪里的江河、池塘和湖泊没有森林保护，还在忍受烈日烘烤，我们就去哪里造林。森林挺起高大的身躯，用茂密的树冠为江河、池塘和湖泊遮蔽阳光。

狠毒的干热风总是携着热沙从遥远的沙漠中来，把耕地掩埋起来。人们就在这些地方造林，保护我们广阔的农田，不让它受到干热风的侵害。森林卫士向肆虐的干热风挺起胸膛，为农田竖起一道坚不可摧的、绿色的铜墙铁壁（用干热风的"狠毒"来衬托森林卫士与干热风战斗的勇敢，突出表现了森林对人类的贡献）。

哪里有耕松的土地塌陷，哪里有峡谷迅速扩大，疯狂地吞噬着我们耕地的边缘，我们就去哪里造林。人们的绿色朋友——森林，在那里顽强地扎根，拼命地固定土地，拦住凶狠扩张的峡谷，不许沟壑吞噬我们的农田。

征服干旱的战斗正在进行中。

重造新林

季赫温斯基区过去有好几处森林都被砍光了。此时，我们正在那里重新造林。我们在250公顷的土地上种下松树、云杉以及西伯利亚阔叶松。过去那里的230公顷的树木被砍伐得一点不剩。现在，我们把那里的土地全都翻松了，使那些剩下树木所结的种子落在地上后，更容易发芽。

我们种的那10公顷的西伯利亚阔叶松发了粗壮的芽。这种林木的快速繁殖可提高列宁格勒州内贵重建筑木材的产量。

我们还在那里开辟了一片苗木场，培育了很多种可当作建筑木材用的针叶树以及阔叶树。我们还打算培育很多种果树和可当作橡胶的灌木——疣枝卫矛。

列宁格勒　塔斯社

阅读鉴赏

作者用一一列举的表现手法向我们揭示了失去森林的严重后果，体现了森林对人类的重要性。当然，在经过惨重的教训后，人们从内心深处意识到了绿色的森林对人类的重要性。紧接着，作者通过情景描写的表现手法描述了森林是如何与干热风做斗争的，从侧面烘托出森林勇敢地保卫着人类的家园，它是人们的好朋友。

拓展阅读

干 热 风

　　干热风是一种高温、低湿并伴有一定风力的农业灾害性天气，是出现在温暖季节导致小麦乳熟期受害的一种干而热的风。

林中大战（续前）

导　读

森林里发生了残酷的斗争。云杉的幼芽因寒潮来袭而全被冻死，所以没有加入战争。以小白桦和小白杨为首的树木和野草纷纷投入战争，那么，最终的胜利属于谁呢?

小白桦的悲惨命运，差不多跟草种族和小白杨一样——云杉遏制了它们的生长。

此时在那块空地上，云杉成了一霸，它们再也没有对手了。本报通讯员将帐篷卷起，搬到了另一块空地上——不在去年，而在前年，伐木工人们曾在那儿砍伐过树木。

他们亲眼见证了霸占者——云杉在大战开始后第二年所遭遇的事情。

云杉这个树种是强大的。但是它们有两个弱点：

第一，它们扎在泥土里的根虽然伸得很长，但是扎得不深。到了秋天，宽阔的空地上，狂风在怒号，就会刮倒很多小云杉，有的还被风连根拔起。

第二，幼年时期的小云杉长得不健壮，也很怕冷。云杉的树芽全都冻死了，有些细弱的树枝也都被寒风刮断了。于是到了春天，那块曾被云杉树征服的土地上，一棵小云杉都没剩下。

云杉并非每年都结种子。尽管云杉很快就取得了胜利，但是这胜利并没有维持多久。在很长一个时期内，它们逐渐丧失了战斗力。

第二年初春，狂暴的草种族刚从地里钻出来，就继续开始林木大战了。这回跟它打仗的是小白杨、小白桦。

可是，已经长高了的小白杨和小白桦，轻轻松松地就将那些纤细而有弹力的野草抖落在地了。野草紧紧地将它们包围，对它们反而是有好处的。去年留下的枯草，就像一条盖在地上厚厚的地毯，腐烂后散发着热量。而新长出来的青草，盖住刚冒出地面的娇嫩的小树苗，保护着它们，不让它们遭受可怕的早霜的侵害。

矮小的青草怎么也追不上长势迅猛的小白杨和小白桦，它们被远远地落在了后面，只要落在后面，它们就见不到阳光了。

当小树长得比青草高的时候，就立刻伸展开了自己的枝条，将青草覆盖。小白杨和小白桦没有云杉那种浓密暗深的针叶，不过这没关系，因为它们的树叶很宽，形成的树荫很大。

小树苗生得稀稀拉拉，草种族还勉强可以对付。但是在整个空地上，小白杨和小白桦都长成了密林。<u>它们齐心协力地战斗着，舒展开手臂似的树枝，一排排紧紧地靠在一起。这里俨然成了严密的树荫帐篷了。由于得不到阳光的滋养，青草慢慢地死去了</u>（把森林比拟成人类，把它们的枝叶比作帐篷，生动形象）。

过了不久，本报通讯员就见到结果了——林木大战的第二年，以白杨和白桦的完全胜利告终。

于是，本报通讯员又搬到第三块采伐空地观察。

他们在那里会有什么发现呢？我们将会在下一期的《森林报》里详细报道。

阅读鉴赏

作者采用拟人的表现手法，形象地描述了植物之间的生存压力与"喜怒哀乐"，展现了作者对森林中植物的关怀之心。森林中既有合作也有竞争，通过作者的描述，我们知道了云杉为什么没有加入这场"大战"，同时，我们也更加理解了植物之间的相互关系。

拓展阅读

白　桦

白桦树是俄罗斯的国树，是这个国家的民族精神的象征。在中国的北方，在草原上，在森林里，在山野路旁，都很容易找到白桦林。

祝您钓到大鱼

导　读

夏天，是钓鱼捉虾的好时节。但要想钓到大鱼，可不能仅凭运气哦！那什么天气、什么地方更可能钓到大鱼呢？来看看钓鱼有哪些小窍门吧！

钓鱼和天气

到了夏天，遇到刮大风或是有雷雨的天气，鱼儿就会游到避风的水域，如深水坑啊、草丛啊、芦苇丛啊，等等。如果一连几天都遇到阴雨连绵的天气，则所有的鱼都会往最僻静的地方游，没精打采的，喂食给它们，它们也没食欲吃（将鱼拟人化，用"没精打采""没食欲"来表现鱼在阴雨连绵时的低落情绪）。

遇到炎热的天气，鱼儿会游到凉快的地方，它们专找那些从地下往外冒泉水的地方，因为那里的水比较凉爽。在酷夏时节，只有早晨凉爽的时候和傍晚暑气消退的时候，鱼儿才有上钩的可能。

遇到夏季干旱，江河湖泊的水位降低，鱼儿就会游到深水坑里。但是深水坑里没有足够的食物。因此，只要钓鱼者能找到合适的地方，就能钓到很多条鱼，尤其是用鱼饵钓。

麻油饼是最好的鱼饵。先将它放到平底锅里煎，然后用钵捣碎，再与麦粒、米粒或豆子放在一起煮烂，撒到荞麦粥或是燕麦粥里。这样，食饵就会散发出一股新鲜的麻油味（一系列动词生动地描写出做麻油饼的过程）。鲫鱼啊、鲤鱼啊，还有许多种鱼，都喜欢这个味道。为了让它们熟悉这个环境，要天天撒食饵去喂它们，像鲈鱼、梭鱼、刺鱼、海马这样的食肉鱼，也会尾随着它们游到这个地方。

阵雨或是雷雨会让水变得凉一点，从而大大刺激鱼的食欲。所以，在浓雾过后的晴朗天气里，鱼儿会更容易上钩。

每个人都应该学会用晴雨表、鱼是否上钩、云量多少、日出即散的夜雾和朝露来预测天气。看到紫红色的霞光，就说明空气湿度大，可能会下雨；看到淡金红色的霞光，就说明空气很干燥，最近几小时内不会有雨。

乘船钓鱼

除了用带浮标或是不带浮标的普通钓鱼竿或是绞竿，人们还可以一边乘船一边钓鱼。只要准备好一根足够结实的长绳子（约有 50 米长），一条用钢丝或牛筋做的系渔钩的线，再来一条金属片做的假鱼就够了。

我们将假鱼绑在绳子上，拖在小船后，这根绳子离小船 25 ～ 50 米远。小船上坐两个人——一人划船，一人控制绳子。人们让这条假鱼沉入水底或是将其拖在水中走。一些比较凶猛的鱼——像鲈鱼、梭鱼、刺鱼，发现假鱼在自己上方游过，就会以为是真鱼，朝它扑过去并一口吞下（"扑""吞"准确地表现出那些大鱼的动作敏捷，生性凶猛）。这时，绳子被扯动，钓鱼者感到有鱼上钩了，就慢慢拉过绳子。用这种方法钓到的鱼，往往是大鱼。

在湖边用假鱼和长绳子钓鱼，最理想的地方就是灌木丛生的又高又陡的峭壁下，这里横七竖八地堆着被风刮倒的树木；还有两个河湾之间的水域，这里遍布着芦苇和草丛。乘船钓鱼的话，要沿着陡岸划船或是去水深而平静的、水流平缓的地方划船，要躲开石滩、浅滩或者在石滩、浅滩的上游或下游（环境描写丰富了文章内容，给读者一种更直观的感受）。用这种方式钓鱼的时候，要慢慢地划船，尤其在风平浪静的日子里，即便隔得老远，只要有船桨轻轻触碰水面的声音，鱼儿就能听得见。

捉 虾

5月、6月、7月与8月，是捉虾最好的月份，但捉虾的人必须了解虾的生活习性。

小虾是从虾子里孵化出来的。虾子在出生以前，躲在雌虾的腹足里（河虾长着10只脚，最前面的一对脚是钳子）和尾部的后肚里。每只雌虾最多能产几百个虾子，虾子会在雌虾身上过冬。到了夏初，虾子就会裂开，孵化出跟蚂蚁差不多大的小虾。过去只有最有经验的人才知道虾在何处过冬，如今，大家都知道虾是在河岸边或是湖岸边的小洞穴里过冬。

虾出生的第一年，要换8次外壳。成年之后，一年换一次。虾换壳后，赤身裸体的虾会躲在洞里，直到新壳长硬了才出来。很多种鱼都爱吃脱了壳的虾。

<u>虾喜欢夜游，白天就躲在洞里。不过，一旦它发现猎物，也会大白天从洞里蹿出来</u>（"蹿"准确表达了虾发现猎物时的机敏）。当你看见水底冒上来的一串串气泡时，就该知道，那是虾呼出来的气。水里的各种小生物，像小鱼啊、小虫啊，都是虾的食物。不过，虾最爱吃的东西是腐肉，在水底，虾老远就能闻到腐肉的味道。于是人们就用小块臭肉、死鱼或是死蛤蟆什么的，趁虾夜间出洞，去水底徘徊寻食时捕捉它（虾只有在受惊的时候，才倒着走）。

把饵料系在虾网上，将虾网绷在两个直径约30～40厘米的木箍或金属箍上，一定要防止虾一进网，就把网内的饵料拖走。用细绳将虾网系在长竿的一端，然后站在岸上的人将虾网浸到水底虾聚集的地方，很快就会有许多虾钻进网，进去就出不来了。

<u>还有一些更复杂的捉虾方法。不过最简单易行，而且收获又最大的办法是——在水浅的地方边走边找虾洞，找到后用手捉住虾背，把虾从</u>

虾洞里直接拖出来（由复杂到简单，深入浅出，使文章更有层次感）。当然，有时会被虾钳住手指，不过这并不可怕。我们也不会建议胆小鬼们用这个动手捉虾的办法的。

如果正好你随身带着一口小锅、调料和盐，就可以在河岸上煮开一锅水，把虾和调料一起放进去煮。

在暖和的、繁星满空的夏夜，在河岸或湖岸的篝火旁煮虾吃，可真是太美了（环境描写，烘托出煮虾时惬意舒适的氛围，更能触动读者）！

阅读鉴赏

在本章中，作者主要用说明性的语言介绍了钓鱼和天气之间的关系，乘船钓鱼的方法以及捉虾的一些小技巧。作品语言平实，结构清晰，给读者以启示。在钓鱼捉虾时，要掌握科学的方法，了解鱼的习性，用鱼喜欢的鱼饵，才有可能钓到大鱼；有时，生活也像在钓鱼，做到知己知彼，尽可能地了解你的对手及自身所处的境遇，才能"对症下药"，找到正确的方法战胜对手。

拓展阅读

海 马

海马，头部像马，尾巴像猴，眼睛又像变色龙，属世界一级保护动物。海马是一种经济价值极高的名贵中药，具有强身健体、镇痛安神等药用功能。

农事记

导　读

　　跟着悠闲的山鹑来到农场的麦田散散步，把视线转移到集体农庄来。嘿！这里的大人们正忙着割草，孩子们也没闲着！来仔细瞧瞧他们都忙些什么呢……

　　黑麦长得比人都高了，也开花了。有山鹑（小型猎禽，嘴和脚较强健）在麦田里散步，好像在树林里那样悠闲。雄山鹑带着雌山鹑，后面跟着它们那像小黄绒球似的小娃娃，原来它们刚出生不久就从窠里跑出来了。

　　集体农庄的人们正忙着割草。有用镰刀割草的，也有用割草机割草的。割草机驶过草场，挥动着光秃秃的"双臂"。一行行齐整的、高高的牧草，在割草机后面倒下来，散发着浓浓的草香。

　　菜园里的畦垄上长着绿油油的葱。孩子们正在拔葱。

　　女孩们和男孩们一块儿去采浆果。六月伊始，向阳的山坡上就有熟了的甜甜的草莓了。现在草莓多极了！森林里的黑莓果也快要熟了，覆盆子也快要熟了。林子里那片长满苔藓的沼泽地里，有结满了籽儿的云莓果，由白色变成了红色，又变成金黄色。你爱吃哪种浆果，就去采哪种浆果吧!

孩子们想要多采一些，可是家里的活儿也很多! 要打水去浇菜园子，还要除菜畦里的草。

阅读鉴赏

作者调动视觉、听觉等感觉器官，多角度描绘了农庄人们割草、拔葱、采浆果等忙于农事的情景，充满了浓郁的田园生活气息。在描写的过程中，有详有略，有虚有实，使文章富于变化。

拓展阅读

浆　果

浆果是由子房或联合其他花器发育成柔软多汁的肉质果。浆果类果树种类很多，如葡萄、猕猴桃、草莓等。

浆果类水果的营养成分因果实不同而异，中果皮、内果皮和胎座均肉质化，含丰富浆汁。

集体农庄新闻

导 读

卖报了！卖报了！集体农庄又有新闻了！是什么呢？牧草被"欺侮"了，小猪受伤了，来避暑的女客人"失踪"了，母鸡坐着汽车去疗养了，浆果也要旅行了……嘘！还有一个少年自然科学家来给我们讲故事哦！

牧草的抱怨

牧草在抱怨，它们说自己被集体农庄的人们欺侮了。有的牧草刚要开花，还有一些牧草已经开花了，穗子里长出了白色的羽毛状柱头，沉甸甸的花粉挂在纤细的茎上。冷不丁来了一批割草的人，所有牧草都被齐根割断，现在它们可没法开花了，只好继续往高里长了！

本报通讯员们调查分析了这件事。原来，集体农庄的人们将割下的草晒干后，就为牲口储备好了够吃一冬天的干草。因此这件事做得很对，这样就可以收割更多的牧草了。

田里喷了奇妙的水

杂草一沾上这种奇妙的水就会死。对于它们来说，这水是致命的。

可是谷物一沾到这奇妙的水，就会活得精神百倍，高高兴兴的。对于它们来说，这水是用来活命的，不仅无害，而且还能改善它们的处境，帮助它们消灭杂草（对比杂草和谷物对这种奇妙的水的不同反应，使读者很容易明白这种水的作用）。

被阳光灼伤

有两只小猪在散步时被阳光灼伤了脊背，灼伤的地方起了大水泡。于是农庄的人们立刻请来了兽医给小猪治疗。现在，在炎热的时间里，人们禁止小猪外出散步，就是跟着猪妈妈一起去都不行。

避暑的女客人"失踪"了

有两位避暑的女客人来到了一个集体农庄里。不久前的某一天，她们居然神秘"失踪"了。大家找了半天，才在离农庄3千米远的干草垛上找到她们。

原来这两位女客人迷路了。早上，她们去河里洗澡，记得是沿着淡蓝色的亚麻田走过去的。等下午她们打算要回家时，怎么也找不到那块淡蓝色的亚麻田了，于是她们就迷路了。

这两位女客人不知道亚麻只在清晨开花，一到中午花就凋谢了，这时亚麻田就由淡蓝色变成绿色的了（这一节中作者运用倒叙的方式，使情节曲折有致，造成悬念，引人入胜）。

母鸡去疗养

今天一早，集体农庄的母鸡们动身去疗养了，它们这次旅行是坐汽车去的，可真是走运，不过还是要住在自己家里。

母鸡就在收割过的田地里疗养。收割完麦子后，田里还剩了点毛茸茸的麦秆和落在地上的麦粒。为了避免浪费这些麦粒，所以人们送母鸡去这里疗养。这里变成临时的母鸡村，仅仅是临时的。等到母鸡将麦粒捡干净后，就立刻坐汽车到一个新地方去捡麦粒。

绵羊妈妈的担心

绵羊妈妈们非常担心，因为它们的孩子要被人牵走了。不过，让已经三四个月大的，成年的小羊跟在妈妈屁股后面转，也是不对的。应该让它们习惯独立生活。以后，小羊们就能自个去吃草了。

浆果旅行

有很多种浆果熟了。有树莓、醋栗和茶藨（biāo）果。它们该准备准备，然后动身进城了。

醋栗不怕路远。它说："把我运去吧！我坚持得住。越早出发越好。现在我还没熟透，还很坚硬。"

茶藨果也说："把我包装得严实点，我就能保持完好无缺。"

可是树莓早就泄气了，它说："你们还是不要碰我了，让我保持在原地不动吧！生活中最闹心的事就是颠簸。颠来颠去地，我就成了一堆浆水了（作者运用语言描写，表现出了各种浆果对旅行的不同态度）！"

无秩序的餐厅

五一集体农庄池塘的水面上露出一块木牌——"鱼的餐厅"。每一个水底餐厅都有一张有边的大桌子，但是都没有椅子。

木牌周围的水面，每天早上都像开了锅似的——原来是鱼儿们正心焦地等着吃早餐。鱼儿是不大遵守秩序的，你碰我、我撞你地乱作一团（运用拟人的修辞反映出鱼儿们等待吃饭的焦急状态）。

到了7点，大厨房的工作人员乘小船为水底餐厅送来了饭菜——煮马铃薯、杂草种子做成的饭团子、晒干的小金虫以及很多种好吃的东西。

在这段时间里，餐厅里有好多鱼！每个餐厅里至少装了400条鱼。

一个少年自然科学家讲的故事

我们村子旁边有一片小橡树林。以前林子里不大有布谷鸟飞过，即便是有，顶多叫个一两声"不如归去"，就不见踪影了。可今年夏天，我总能听到布谷鸟的叫声。恰好这时，村子里的人们把一群母牛赶到橡树林里吃草。一天中午，牧童跑回来大嚷道："母牛疯了！"

大家赶紧往树林里跑，天啊！那里简直乱死了！真吓人！母牛到处乱跑乱叫着，用尾巴抽打自己的后背，往树上乱撞，也许会把脑袋撞碎的！再不然，也可能把我们踩死（虚实结合，更突出了母牛的疯狂以及人们的惊慌）！

我们赶紧把牛群赶到别处了。究竟发生了什么事呢？

原来，这都是毛毛虫惹的祸。毛蓬蓬的棕色虫子，像小野兽似的占据了橡树林。有的树干已被它们啃得光秃秃的，都不见树叶了。毛毛虫总掉毛，这些绒毛被风吹得四处飞扬，钻进了牛的眼睛，牛儿受罪啊！真是可怕极了！

这里的布谷鸟可真不少！我这辈子也没见过这么多布谷鸟！除了布谷鸟之外，还有带黑条纹的金色黄鹂；翅膀上带淡蓝色条纹的深红色松鸦。附近的鸟都飞进了这片橡树林。

结果如何呢？你们能想象到吗：橡树林挺过来了！不到一个星期，所有的毛毛虫都被鸟儿吃了。这些鸟儿真棒！是不是？不然的话，我们这片橡树林可就完蛋啦！简直太可怕了（这一段落里，作者运用了设问、反问的手法，增强了与读者的互动，拉近了距离感）！

尤　兰

阅读鉴赏

割牧草、除杂草、喂鱼食、运浆果、放养母鸡等场景都是人们很熟悉的，作者为了避免平铺直叙，运用了先抑后扬、倒叙、对比等手法给我们呈现了农庄的人们在农忙时节的忙碌情景。同时，作者将动物、植物都拟人化，使行文更加活泼有趣，给读者留下了深刻的印象。

拓展阅读

黄　鹂

　　黄鹂是一种中等体形的鸣禽。体羽一般由金黄色的羽毛组成。黄鹂也是文学作品中常描写的对象，其中，徐志摩的同名诗《黄鹂》就非常有意蕴。

猎
事
记

导　读

　　人类在夏天有很多敌人。稍不留神，调皮捣蛋的麻雀、跳岬、蛾蝶、蚊子、猞猁们就向人类发起了进攻！用木棍捶不死它们，枪也打不着它们……人类该怎么办呢？

既不猎鸟，也不猎兽

　　夏季打猎，既不为猎鸟，也不为猎兽。与其说那是打猎，倒不如说是打仗。人类在夏天有很多敌人。比如，你弄了一个菜园，种上蔬菜，常常浇水，但你能保护蔬菜不被敌人侵害吗？

　　用竹竿戳个稻草人杵在那里，是不能解决问题的。稻草人只能帮你对付麻雀和其他鸟，效果并不算太好。

　　有这么一批敌人守在菜园子里，它们不但不怕稻草人，连持枪的人也不怕。用木棍捶不死它们，枪也打不着它们，只能用点小计谋来对付它们了。要时刻用警惕的目光防备它们才成。别看它们个头小，调皮捣蛋的本事是最大的呢！

会跳的敌人

菜园子里出现了一种脊背上带着两道白条纹的黑色甲虫。它们在菜叶子上一跳一跳的，像跳蚤似的。大事不妙，菜地要遭殃了。

跳岬（jiǎ）这个敌人非常可怕。它们用两三天的工夫，就能毁掉几公顷大的菜园子。它们在嫩菜叶上咬出了很多小洞，还把叶子啃得像块花纹布。于是，这片菜园子就算是报废了！萝卜、芜菁、冬油菜和甘蓝最怕这种跳岬了。

向跳岬进攻

一场消灭跳岬的战斗正在进行之中。我们拿着系着小旗子的长矛去了菜园，将小旗子两面涂上厚厚的胶水，只在下面留出一条大约7厘米宽的边儿没涂胶水。

我们在菜畦间来回地走，在蔬菜上面挥动着小旗子，只有那条没涂胶水的边儿能碰蔬菜。

跳岬只要往上跳，就会被胶水粘住。可是，这样还不能算是我们打了胜仗。还有一大批敌人，会继续进攻菜园子的。

第二天一早，趁着草上的露水还没干，我们用一面细筛子将炉灰、烟灰或是熟石灰撒在菜叶上。如果在大面积的集体农庄菜田里，这工作就不能手工完成，而是要从飞机上往下撒。用这种方法也能驱除菜园里的跳岬，而且对青菜也没害处。

会飞的敌人

蛾蝶是比跳岬还要可怕的敌人。它们神不知鬼不觉地将卵产在菜叶上。卵变成青虫之后，就会啃菜叶和菜茎。

危害最大的几种蛾蝶，白天活动的有：大菜粉蛾（个头很大，白翅膀上带着黑斑点）和萝卜粉蛾（颜色跟菜粉蛾差不多，只是个头小一点）。夜里活动的有：甘蓝螟蛾（个头小，翅膀下垂，身子前半部是赭石黄的颜色）、甘蓝夜蛾（全身毛乎乎的，棕灰色）和菜蛾（个头小，浅灰色，样子很像织网夜蛾）。

跟这些敌人作战，不用其他装备，只需动手就可以了。只要找到它们的卵，用手将卵摁碎就行了。还可以像驱除跳岬似的，往菜上撒灰。

还有一种会飞的敌人，比上面提到的那些敌人都要可怕，它们能直接进攻人类，它们就是——蚊子。

有许多个头很小的、身上有毛的软体虫在一摊不流动的死水里游着，还有许多小得肉眼都看不见的小蛹儿，它们的头很大，与身子比起来不太相称，头上还长着角。

原来那是蚊子的幼虫——孑孓（jié jué），还有蚊子的蛹。这里的沼泽里还有蚊子的卵，有些粘在一起的蚊子卵浮在水中，像小船似的，还有一些卵附着在沼泽里的水草上。

两种蚊子

有两种蚊子：一种蚊子，人被它叮过一口后，只有一点痛的感觉，会起一个红疙瘩。这种蚊子是普通的蚊子，不可怕；另一种蚊子，人被它叮过后就会感染上"沼泽热"。科学家把这种病称为疟疾（疟原虫引发的寄生虫病，多发于夏季）。患上疟疾的人，会感到浑身忽冷忽热的。热的时候，就一阵抽搐，冷的时候，会直打哆嗦，病情稍有好转，一两天以后，又重新发作起来。造成这种后果的这种蚊子就是疟蚊。

这两种蚊子长得差不多，区别在于雌疟蚊的吸吻（蚊子的刺针）旁还长着一对触须。雌疟蚊的吸吻上带着病菌。当疟蚊叮人的时候，这些病菌就会闯进人的血液，破坏人的血球。因此人就生病了。

科学家使用高倍显微镜观察了疟蚊的血液后，才弄明白了这件事。人类用肉眼是看不出来的。

消灭蚊子

光靠用手打，可消灭不了所有的蚊子。

当蚊子还是孑孓，在水里居住的时候，科学家们就开始消灭它们了。

先用一个玻璃瓶从沼泽里盛一瓶有孑孓的水，然后在这瓶水里滴一滴煤油，看看会有什么变化。煤油会在水里四处漫开，形成一个煤油薄膜。孑孓则像小蛇似的扭动着全身。脑袋很大的蛹一会儿沉到瓶底，一会儿又飞快上升到瓶的上空。

孑孓用它的尾巴，蛹用它的小角，都想冲破那层煤油薄膜。

煤油薄膜覆盖了整个水面，没留下一点空隙给孑孓呼吸。于是，所有孑孓和蛹都被闷死了。我们就是用这种方法来消灭蚊子的。

沼泽地带的人们被蚊子烦得不得安宁的时候，就会把煤油倒进死水坑中。一个月倒一次的话，就足以消灭干净那个水坑里的孑孓和蚊蛹了。

稀罕的事儿

我们村子里发生了一件稀罕的事儿。

有一个牧童从林边牧场匆匆跑回来，喊道："小牛被凶猛的野兽咬死啦！"

集体农庄的人们惊叫起来，有的挤奶女工甚至开始大哭了。

被咬死的，是我们村子里最好的一头小牛，还曾在展览会上获过奖呢。

大家都放下手边的活儿，去林边牧场了。

那头被咬死的小牛躺在牧场的一个僻静角落里，就在树林边上。它的乳房被咬掉了，靠近后颈的地方被咬断了，其他部位倒是完好的。

"是熊干的坏事，"猎人西尔盖说，"熊总是这样——咬死后就扔下不管了，等尸体臭了，它再回来吃。"

"一点不错，"猎人安德烈赞同地说，"这没什么好争论的。"

"大伙儿先散了吧！"西尔盖说，"我们会在这棵树上搭一个棚。熊今晚不来的话，说不定明天夜里就会来了。"

大家谈到这里时，都想到了我们这儿的另一位猎人——塞苏伊奇。他个子小，在人群里不出众。

"你要跟我们一块儿守在这里吗？"两位猎人问他。

塞苏伊奇一声不吭，他转身走到一旁，仔细检查着地上留下的痕迹。

"不对，"塞苏伊奇说，"熊是不会来这里的。"

西尔盖和安德烈耸了耸肩膀，然后说道："随便你怎么说吧！"

人们都散了，塞苏伊奇也走了。只剩下西尔盖和安德烈两个人，他们砍了一些树条，在附近的一棵松树上搭了个棚。

只见这时，塞苏伊奇带着他的猎枪和猎犬小卡又回来了。

他把死牛附近的土地又检查了一番，不知出于什么原因，还看了一下附近的那几棵树。

随后，他就进树林了。

那天晚上，西尔盖和安德烈就守在棚子里了。

他们守了一夜，也没等到野兽。

又守了一夜，还是没等到。

到了第三夜，野兽依旧没来。

这两个猎人没耐心了，就这样聊了起来："可能是因为我们漏掉了什么线索，不过塞苏伊奇却注意到了。他说得对，熊的确没有来！"

"我们过去问问他，怎么样？"

"去问那只熊吗？"

"怎么能问那只熊呢！我去问塞苏伊奇。"

"没别的办法了，只好去问问他了。"

这两个人去找塞苏伊奇，塞苏伊奇正好刚从林子里回来。

塞苏伊奇撂在地上一个大口袋，然后擦起他的枪来。

西尔盖和安德烈对他说："你说得对，熊的确没有来。这究竟是怎么回事？我们来请教请教你。"

"你们什么时候听说过，"塞苏伊奇反问他们，"熊把小牛咬死，啃掉乳房，却丢下牛肉不吃？"

两位猎人答不上来了，面面相觑（觑：qù，因惊恐而无可奈何相互望着）。熊的确不会这么胡闹的。

"你们看过地上留下的脚印儿了吗？"塞苏伊奇继续追问他们。

"看倒是看过。脚印子很大，大约有 20 厘米宽。"

"脚爪印很大吗？"

这可把两个猎人问住了，他们不好意思地说："我们没看到脚爪印。"

"就是啊！要是熊的脚印，你们一眼就能看见脚爪印了。现在请你们说说，哪一种野兽会把脚爪缩起来走路呢？"

"狼！"西尔盖脱口而出。

塞苏伊奇只鄙视地哼了一声："好个善辨脚印的猎人啊！"

"得了吧！"安德烈说，"狼的脚印跟狗的脚印差不多。只是稍微大一点，窄一点。只有猞猁，猞猁才会缩起爪子来走路，猞猁的脚印才是圆的。"

"对啊！"塞苏伊奇说，"正是猞猁咬死了小牛。"

"你没有开玩笑吧？"

"不信，你看看我背包里的东西。"

西尔盖和安德烈急忙冲向背包，解开背包一看，里面竟然是一张带有斑点的红褐色大猞猁皮。

也就是说，咬死小牛的凶手就是猞猁啊！至于塞苏伊奇是怎样在树林里追上猞猁，又是怎么把它打死的——这个只有他自己和他的猎犬小卡知道。他们绝口不谈。

猞猁袭击牛这种事是非常罕见的。可我们村子里偏偏就发生了这样一件稀罕的事儿。

阅读鉴赏

麻雀、跳岬、蛾蝶、蚊子、猞猁们为了食物侵入农庄，人类则为保护农庄而战。这本是个弱肉强食、优胜劣汰的生物圈，要想生存下去，不能只靠勇气和运气，还需要智慧。菜园子里的敌人，"它们不但不怕稻草人，连持枪的人也不怕。用木棍捶不死它们，枪也打不着它们，只能用点小计来对付它们了"。所以人类想到了用带有胶水的旗子来对付跳岬，撒灰消灭蛾蝶，用煤油与蚊子作战，靠智慧找到了凶手猞猁……

拓展阅读

疟 疾

这种病是由雌疟蚊叮咬人体，将其体内寄生的疟原虫传入人体而引起的。疟疾是以周期性冷热发作为最主要特征。

世界疟疾日由世界卫生大会在2007年5月第六十届会议上设立，旨在推动全球进行疟疾防治。2008年4月25日为首个世界疟疾日。该病主要集中在经济相对落后、交通不便的地区。疟疾迄今仍是公众健康所面临的最严重的威胁之一。

导　读

　　有人说，如果你不出去走走，你以为周围的一切就是世界。世界很大！夏至这天，世界的其他地方都是什么状况呢？《森林报》编辑部正为此举行了一次全国无线电通报活动。来看看来自苔原、沙漠、森林、草原、海洋、高山的回应吧！

注意！注意！

　　我们是《森林报》编辑部。今天是 6 月 22 日，夏至，是一年中最长的一天。我们今天举行一次全国无线电通报活动。

　　请注意，请苔原、沙漠、森林、草原、海洋、高山都务必来参加！

　　此时正是盛夏时节，是一年当中白昼最长、黑夜最短的一天。请讲一讲你们那里现在是什么情况（形式新颖，奠定了本章内容的框架，引出下文）？

来自北冰洋群岛的回应

　　你们说的黑夜是什么样的呀？我们根本没有关于黑夜和黑暗的记忆。

　　我们这儿的白昼最长了——24 小时。太阳时而上升，时而下降，根本不落下去。这种情况差不多要持续 3 个月之久。

　　我们这儿总是一片光明，所以地上的草长得非常快，就像童话里所讲，不是每天都见长，而是每小时都在见长。树叶越来越茂盛，花儿也竞相绽放。沼泽地里布满了苔藓。甚至连光溜溜的石头上，都爬满了各种各样的植物。

强调了处于极昼地区的北冰洋群岛阳光充足，草木繁茂。

苔原也醒过神来了

确实，我们这里没有穿花的蝴蝶；没有点水的蜻蜓；没有伶俐的蜥蜴；也没有青蛙和蛇；更没有一到冬天就躲到地下，在洞里睡上一整个冬天的大大小小的野兽。我们的土地，一年到头都被冰冻着，即便在仲夏，也只有地表的一层解冻。

大批大批的蚊子，在苔原上空飞着，但是我们这儿却没有以消灭蚊子闻名的飞将军——行动矫捷的蝙蝠。就算蝙蝠们飞过来，也没办法在我们这儿活下去。它们只能在傍晚时分和夜间追捕蚊子啊！可我们这儿的整个夏天都没有黄昏和黑夜，所以，即便是它们能飞来过夏，也活不下去！

我们这儿的岛屿上，野兽的种类不太多。只有旅鼠（一种短尾巴的，跟老鼠个头差不多的啮齿类动物）、雪兔、北极狐和驯鹿。偶尔有大白熊从遥远的海里游到这儿来，在苔原上晃来晃去地找小动物吃。

不过，我们这儿有很多种鸟儿，多得都数不清！虽然背阴之处还有积雪，但是鸟儿已经成群结队地飞到这儿来了。有角百灵、北鹨、雪鹀、鹨鸰——各色各样的"歌唱家"。还有鸥鸟、潜鸟、鹬、野鸭、大雁、管鼻鹱（hù）、海鸟，以及模样儿很滑稽的花魁鸟，还有好多稀奇古怪的鸟儿，说出来你也许听都没听过。

四处交织着叫声、嘈杂声和歌声。整个苔原，包括光溜溜的岩石上，都被鸟窠占领了。有些岩石上，有一个挨着一个的成千上万个鸟窠，连石头上只能容下一个小鸟蛋的坑，都被鸟窠占据了，那个闹腾劲儿啊，简直像一个真正的鸟市。倘若有猛禽胆敢接近这种地方，就会有一大群鸟儿向它扑过去，那叫声震耳欲聋，鸟嘴像雨点似的啄过来——这些鸟

儿绝不可能让自己的孩子受委屈的（运用比喻修辞、夸张手法，以及动作和心理描写
给我们展现了一个万鸟欢腾的壮观景象）。

你瞧，现在苔原上的动物们是多么快乐啊！

你一定会问："既然苔原上没有黑夜，那么鸟兽们何时起来，何时睡觉呢？"

它们几乎完全不睡觉——哪有工夫睡啊！打个小盹儿后，又要工作了。有的在给自己的孩子喂食；有的在筑窠；有的在孵蛋。大家都有一大堆工作要做呢，都忙得不可开交，我们这儿的夏季非常短呀！到冬天再睡也不迟，冬天能睡足一年的觉呢。

来自中亚细亚沙漠的回应

我们这儿恰好相反，现在大家都睡觉了（对比突出"我们"这儿的与众不同，并引出下文）。

我们这儿的阳光毒热，草木都被晒枯了。我们已经不记得最后一场雨是什么时候下的了。说来也奇怪，并不是所有草木都枯死了。

有刺的骆驼草，几乎有半米高，它的根钻到被烫得滚热的土地深处，差不多有五六米那么深，这样，它就可以吸收到地下水了。其他灌木和草，用绿色的细毛来代替叶子，这样，它们便可以更少地损失水分。我们中亚细亚沙漠里的矮树——梭梭树，没有一片叶子，只有细细的绿枝条。

当狂风肆虐时，沙漠的上空会卷起干燥的灰沙，像是满天乌云，遮天蔽日。突然间，一阵令人毛骨悚然的尖叫声响彻在空气里，咝咝的声音就像有成千上万条蛇在叫（视觉、听觉并用，好像这种景象就在读者眼前，很有感染力）。

这可不是蛇的叫声，而是梭梭树的细树枝，被风刮得在空中扭动着，像鞭子似的胡乱抽打着空气，而发出的沙沙的响声。

蛇此时正在睡觉。就连金花鼠和跳鼠最害怕的草原蝰蛇，也将身子深深地钻进沙子里，睡着了。

那些小动物也在睡觉。细长腿的金花鼠用土块将洞口堵住，阳光就

晒不进洞里了，它成天躲在家里睡觉，只有大清早，才会出洞找点东西吃。此时，它得跑多少冤枉路，才找得到一棵没被晒枯的植物啊！跳鼠索性就躲到地底下去了，它打算大睡一场——睡过夏天、秋天、冬天，一直睡到第二年的春天再醒。一年当中，它只出来活动3个月，其余时间都用来睡觉了。

蜘蛛、蝎子、蜈蚣还有蚂蚁，为了躲避日光的暴晒，都躲了起来——有的躲在石头下面，有的钻到背阴的土里面，只在晚上才出来活动。再也不见行动矫捷的蜥蜴了。

野兽们都搬到沙漠边上去住了，是为了离水源近一点。鸟儿们早已孵出了幼鸟，带着幼鸟们一起飞走了。留下来的只有飞得很快的山鹑，它们可以飞到100多千米外的最近的小河边，自己先喝饱，然后再装上满满一嗉囊水，急急地飞回窠里喂幼鸟。飞这么远的路，在它看来其实算不了什么。不过，等到幼鸟们学会了飞行，它们也就该离开这个可怕的地方了。

只有人类才不怕沙漠。人类掌握较高的科学技术，在可能掘出灌溉渠的地方，掘出了灌溉渠，将水从高山上引过来，把荒无人烟的沙漠变成绿洲和沃野，把此地变成果园和葡萄园。

在人迹罕至的沙漠，人类的第一个大敌——狂风，就在那里称霸了。它会从干燥的沙丘上掀起沙浪，将它们赶到村庄里去，然后将房屋都掩埋住。只有人类才不怕狂风，与水和植物结成了联盟，筑起一道严密的防风屏障。只要有人工灌溉的地方，树木就密密麻麻的，像一道墙壁，青草将无数细根扎在地里，紧紧地抓住沙子，这样一来，沙丘就无法再移动了（"密密麻麻""紧紧"这些叠词的运用渲染出了树木与狂风作战的紧张气氛）。

沙漠的夏天和苔原的夏天确实没有一点相似之处。太阳出来之时，一切生物都进入了梦乡。外面是漆黑漆黑的夜空，只有在这样的黑夜里，那些饱受无情太阳折磨的弱小生命，才有机会透透气儿。

来自乌苏里大森林的回应

我们的森林非常特别，既不像西伯利亚大森林，也不像热带密林。我们这里生长着枞树、落叶松、云杉，还有浑身缠绕着带刺的蓳（lǜ）草与野葡萄藤的阔叶树。

我们这里有北方驯鹿、印度羚羊、普通棕熊、西藏黑熊、黑兔、猞猁、虎、豹子、棕狼和灰狼等。

我们这里有毛色素净的灰松鸦、华丽的野雉、苏联灰雁、中国白雁、普通野鸭、栖在树上的五颜六色的鸳鸯，还有长嘴巴的白头鹮（huán）。

白天的时候，原始森林里又暗又闷，宽大的树冠像一顶绿色大帐篷，完全把太阳光遮住了。

我们这儿的夜晚非常黑，白天也是黑黑的。

此时各种鸟儿都下了蛋，或是已经孵出了幼鸟。各种野兽的小崽也都长大了，正在学习猎取食物的本领呢。

来自库班草原的回应

平坦的田地一望无垠，我们的收割机正列成一排，忙着收割庄稼呢！今年的收成好极了。

在已收割完庄稼的田地上空，老鹰、雕、兀鹰和游隼正在缓缓地打着盘旋。此时，它们想要好好地收拾一下打劫粮食的敌人——老鼠、田鼠、黄鼠还有仓鼠了。现在，从老远的地方就能看见它们正从洞里往外探头呢（把老鼠、田鼠等动物缩头缩脑、小心翼翼的神态刻画得活灵活现）！在庄稼收割前，这些可恶的家伙偷吃了多少粮食呀！想想都觉得可怕！

此时，它们正在捡散落在田里的麦粒，用来充实地下粮仓，储备冬粮。野兽们并没有落在猛禽的后面——狐狸在收割后的地里捕捉各种鼠类，白色的草原鼬鼠对我们就更是有益了——它们毫不留情地消灭一切啮齿类动物。

来自阿尔泰山脉的回应

低洼的峡谷又闷热，又潮湿。早晨，在灼热的夏日艳阳下，露水不一会儿就蒸发了。到了晚上，草地上空浓雾弥漫。水蒸气上升，把山坡打得湿透，水汽冷却后就凝结成了白云，在山顶上飘着。天亮前的山顶上缭绕着云雾（这段环境描写突出了峡谷"湿""热"的特点）。

白天日光灼热，将水蒸气变成了水滴，瞬间乌云密布，大雨倾盆。

山上的积雪一直在消融。只有最高的山峰上，才有终年不开冻的冰雪和大片的冰原、冰河。在海拔很高的地方，实在非常寒冷，连中午的太阳也无法消融那儿的冰雪。不过在这些山顶下，奔流着一股股雨水和雪水，汇集成涓涓细流，又汇成一条条山溪，沿山坡流下，从悬崖上直泻而下，变成瀑布。这水一直向下面的江河奔流而去。由于此时河里的水太充沛了，就像春汛似的暴涨了起来，漫过河岸，在盆地上泛滥（细致地描写了消融的冰雪汇成溪流，变成瀑布，奔流而下的过程）。

在我们阿尔泰山上，物种丰富，一切应有尽有：低一点的山坡上是大森林，往上一点的山坡上是肥沃、独特的高原草场；再高一点是一片长满了苔藓和地衣的高原，跟北方苔原很像。至于最高的山顶呢，跟北极一样，那里常年冰天雪地，永远是冬天。

在那极高的山顶，既无飞禽栖息，也无野兽穴居。只有强悍的雕和兀鹰会偶尔飞到那里，在云端用锐利的眼睛往下望，搜寻着食物。不过在海拔稍微低一点的地方，就像一座多层大楼似的，有各色各样的居民居住在里面。它们各占一层，各住各的位置。最顶层是光溜溜的岩石，成群的雄野山羊攀登上去就住在那儿了。再低一层的住户，是雌野山羊和小野山羊，还有跟火鸡个头差不多的山鹑。在肥沃的高原草场上，成群犄角直溜溜的山绵羊——盘羊在那儿吃草。雪豹悄悄跟着它们，去那里抓它们。那里既聚居着肥壮的旱獭，又有很多鸣禽。再往下一层，就是原始森林了，里面生活着松鸡、雷鸟、鹿和熊，等等。<u>过去，人类只在盆地里播种麦子。现在，我们的耕地也可以开垦到山上了。在那里，我们不是用马耕地，而是用高山上的长毛牛——牦牛来耕地了</u>（由上及下，由景象地形到动物、人类，结构清晰，很有层次感和逻辑性）。我们想了很多办法，花了很多力气，要从我们的土地上得到最好的收成。我们一定能实现目标！

来自海洋的回应

我们伟大的祖国三面环海：西面是大西洋，北面是北冰洋，东面是太平洋。

我们乘船穿过芬兰湾、横渡波罗的海后，进入大西洋。在大西洋上，我们常会遇到各个国家的船只——英国的、丹麦的、瑞典的、挪威的——有货轮，有客轮，也有渔轮。在这里我们能捕捞鲱鱼和鳘鱼。

我们从大西洋出发，进入北冰洋。我们沿着欧亚两洲的海岸线，踏上一条北方航路。那里是我们的领海，这条北方航路也是我们勇敢的俄罗斯航海家们开辟的。这里到处被厚厚的冰封住，我们随时都会有生命危险。因此，过去的人们一直认为这条路是无法被打通的。现在，我们的船长支配着船只，让力大无穷的破冰船在前面开道，然后沿着这条航路走。

在这些荒无人烟之处，我们有许多神奇的经历。起初，我们遇到的是大西洋的赤道暖流；随后，就看到了漂浮的冰山。在阳光的照耀下，冰山亮闪闪的，非常刺眼。在那里，我们捉到许多鲨鱼和海星。

再接着往前走，这股暖流折向北方，流向北极。于是我们看到了巨大的冰原。那冰原在水面上缓缓浮动着，一会儿裂了，一会儿又合上。我们的飞机在海洋上空侦察着，随时给船上的人提供信号，告诉我们什么地方是畅通无阻的。

在北冰洋的诸多岛屿上，我们看到成千上万只软弱无力、正在脱毛的大雁。它们翅膀上的硬翎都脱落了，所以才飞不起来。只要包围它们，就可以轻易地把它们赶进网里。我们看到了长着獠牙的海象（身体庞大，皮厚而多皱，有稀疏的刚毛），它们从水里钻了出来，正趴在冰块上休息。还有各式各样长相奇特的海豹。有一种冠海豹，长得像大海兔，头上顶着个大皮囊。它们突然鼓气的时候，气囊就会很大，就像戴着一顶钢盔似的（作者重点描写了海豹，还运用了比喻的修辞，形象生动，详略得当）！我们还看到好多可怕的逆戟鲸，它们长着大牙，行动迅速，主要猎食鲸鱼和幼鲸。

不过，咱们还是下次再报道关于鲸鱼的消息吧！等到了太平洋再说，那儿的鲸鱼会更多一些。再会吧！

我们和全国各地的无线电通报到此结束了。下一次通报会在 9 月 22 日举行。

阅读鉴赏

作者用"全国无线电通报活动"的方式，为我们展示了夏至当天不同地方的不同场景。从选材来看，有山，有水，有沙漠也有森林，选材具有代表性，丰富了文章内容；从文章的构成来看，文章结构清晰，有层次，有条理，内容丰富却不混乱。

拓展阅读

极昼、极夜

　　极昼、极夜是地球两极地区的自然现象，所谓极昼，就是一天24小时中太阳永不落，天空总是亮的；所谓极夜就是一天中太阳总不出来，天空总是黑的。极昼与极夜是地球在沿椭圆形轨道绕太阳公转时，还绕着自身的倾斜地轴旋转而形成的。

幼鸟出世月（夏季第二个月）

一年12个章节的太阳诗篇——七月

七月——正是盛夏时节——它不知疲倦，在装饰着这个世界，它吩咐稞麦向大地深深地鞠躬。燕麦已经穿上了长衫，而荞麦却连衬衣都没有呢！

绿色的植物用阳光为自己塑造着身段。放眼望去，成熟的稞麦和小麦就像一片金黄色的海洋。我们将它们储藏起来，够来年一年食用了。我们还为牲口储藏了干草——无边的青草已经被割倒了，堆起了一座座像小山一样的干草垛。

小鸟儿开始沉默起来，它们此时已经顾不上唱歌了。所有鸟窠里都有了幼鸟，它们刚出世的时候，浑身光溜溜的，没有毛，也睁不开眼睛，在一个很长的时期内，需要父母亲的照料。还好地上、水中、林里，甚至空中，到处是幼鸟的食物，足够所有幼鸟吃！

森林里到处长着味美多汁的果实，有草莓、黑莓、覆盆子以及醋栗。在北方，生长着金黄色的云莓，而南方果园里，则生长着樱桃、草莓。草场脱下了它那金黄色的衣裳，换上了缀着野菊花的衣裳——雪白的花瓣反射着火热的阳光。在此时，我们可不能跟光明之神——太阳开玩笑——它的爱抚会把我们烧伤的！

林中大事记

导　读

盛夏的阳光默默地滋养着大地万物，生命像得到了什么暗示一样，铆足了劲儿汲取力量！生长！瞧瞧，鸟巢里已经有小家伙在探头探脑了呢！森林里新生的宝宝们开始了它们怎样的生命之旅呢？

森林里的小孩子

罗蒙诺索夫城外的那片大森林里，住着一只年轻的雌麋鹿。它今年生了一只小麋鹿。

白尾雕的窠里有两只小雕。

黄雀、燕雀、黄鹂——各孵出 5 只幼鸟。

歪脖鹅（一种啄木鸟）孵出 8 只幼鸟。

长尾巴山雀孵出 12 只幼鸟。

灰山鹑孵出 20 只幼鸟。

在刺鱼的窝里，每一颗鱼卵都能孵化出一条小刺鱼。一个窠里总共有 100 多只小刺鱼呢！

一条鳊鱼能孵化出好几十万条小鳊鱼。

鳘鱼呢，生的孩子更是多得数不胜数——大概有上百万条吧（列举出

没有妈妈管的孩子们

鳊鱼和鳘鱼根本不管它们的孩子。它们生下鱼卵后就游走了。小鱼怎样出生，怎样生活，怎样找食物，都随它们的便。是啊，如果你也生了几十万个，或是几百万个孩子，你不这样又能怎样呢？反正你也不可能照顾到每一个呀！

一只青蛙能有 1000 个孩子，它也是顾不上管它的孩子们的！

当然，没有父母管的孩子们想活下来可没那么容易。水下有很多贪嘴的坏家伙，它们都想要吃美味的鱼卵、青蛙卵，也爱吃鲜嫩的小鱼和小青蛙。

在长成大鱼以及青蛙以前，这些小鱼和蝌蚪们要经历多少危险呀！它们中有多少会被吃掉呢？想想就让人不寒而栗！

无微不至地照顾孩子的妈妈

麋鹿妈妈以及所有的鸟儿妈妈，都会无微不至地照顾着它们的孩子。

麋鹿妈妈随时准备将自己的生命献给它的独生子。要是熊想进攻麋鹿，麋鹿妈妈就会用前后脚一起乱踢。这一顿乱踢，保管叫熊下次再也不敢靠近小麋鹿了。

本报通讯员走在田野上，碰到一只小山鹑，这只小山鹑就在他们脚边跳出来，又一下子蹿进草丛里躲了起来。通讯员们把它捉住了，它"啾啾"地尖叫起来。山鹑妈妈不知从哪儿跑了出来。它一见自己的孩子被别人捉在手里，就焦急地咕咕叫着，向人扑了过来，结果摔在地上，翅膀也摔耷拉了（动作描写反映出山鹑妈妈的爱子心切）。

通讯员们还以为它受了伤，就放下小山鹑，去追它的妈妈。

山鹑妈妈一瘸一拐地走着，眼看通讯员们一伸手就可以捉到它了。可是刚一伸手，它就一闪，闪到一边去了，于是通讯员们就追呀追。突然之间，山鹑妈妈拍拍翅膀，竟然大摇大摆地飞走了。

我们的通讯员转过头再去找小山鹑，哪知连小山鹑的影儿都不见了。原来：山鹑妈妈为了救自己的孩子，假装受伤，然后把通讯员们从孩子身边引开。它对自己的每一个孩子都保护得很好——因为它的孩子一共就 20 个呀！

鸟的工作日

天刚蒙蒙亮，鸟儿就开始工作了。

椋鸟每天工作 17 个小时；家燕每天工作 18 个小时；雨燕每天工作 19 个小时，而鸲每天要工作 20 个小时以上。

我观察过，的确是这样的。它们每天想偷懒都不行。

为了喂饱它们的幼鸟，一只雨燕每天要往窠里送食物 30～35 次；椋鸟每天至少要送 200 次；家燕至少要送 300 次；鸲要送 450 多次（这些具体的数字很客观，从中可以很直观地感受到鸟妈妈的辛劳）！

一个夏天，鸟类所消灭掉的森林害虫及它们的幼虫，真是多得数都数不清呢。

它们真的是在不停地工作着。

《森林报》通讯员　尼·斯拉底科夫

沙锥孵出了怎样的幼鸟

这是刚刚孵出来的小沙锥。它的嘴上长着一个小白疙瘩，那就是"凿壳齿"，小沙锥钻出蛋壳之前，就会用"凿壳齿"凿破蛋壳。

小沙锥长大后，会成为一种很残忍的猛禽——啮齿类动物的天敌。

不过在此时，它还是一个模样滑稽的小家伙，浑身毛茸茸的，眼睛也没有完全睁开呢！

它是那么软弱、娇气，离开爸爸妈妈就会寸步难行。要是父母不喂它东西吃的话，它就会被活活饿死。

不过，幼鸟里面也有非常能闯的小家伙——它们刚从壳里出来，就马上跳起身子，自己去找食物。它们不怕水，也知道要躲避敌人。

有两只小沙锥刚出壳的第一天，就离开了窠，自己去找蚯蚓吃了！

沙锥的蛋之所以大，就是为了让小沙锥在蛋壳里长得更大更强壮的。

我们刚提过的小山鹬，也是挺能闯的。它刚来到世间，就撒开小腿拼命地跑起来了。

还有一种小野鸭——秋沙鸭，它也是刚生下来就能立刻晃悠悠地走到小河边，然后"扑通"一声跳下去游水的。它天生就会潜水，还不时在水面上欠欠身，伸个懒腰——它什么都会，简直像一只大野鸭了。

旋木雀的孩子可娇气得很，整整在窠里待了两个星期才飞了出来，现在正蹲在树墩上呢！看它那副不满的样子，原来是它妈妈半天没飞回来送食了！它出生快3个星期了，却还总是啾啾叫着，让妈妈往它的嘴里塞青虫和其他好吃的食物（细节描写使小旋木雀娇气的形象跃然纸上，形象生动）。

岛上的移民区

在一个岛的沙滩上，住着很多在那儿避暑的小海鸥。

每当夜晚来临，它们就会睡在小沙坑里，每个坑里睡3只。沙滩上满满的，尽是小沙坑——那儿真是个海鸥的移民区啊！

白天，大海鸥教小海鸥飞行、游泳和捉小鱼。

大海鸥一面要教孩子本领，一面还要保护它们，随时随地都非常小心谨慎。如果有敌人胆敢靠近它们的孩子的话，它们就会成群结队飞起来，尖叫着，一齐向敌人扑过去。那阵势，谁见了不怕呢？连海上的那些体形硕大无比的白尾雕，也会慌忙逃走的。

雌雄颠倒

全国各地的人给我们写信，信中说他们看到了一种非常稀奇的小鸟儿。就在这个月里，有人在莫斯科附近；有人在阿尔泰山上；有人在卡

马河流域；有人在波罗的海上；有人在雅库特；还有人在哈萨克斯坦，都看见过这种鸟。这是一种既漂亮又可爱的鸟，长得极像城里那种卖给钓鱼爱好者们的鲜亮的浮标。它们非常信任人类，即便你走到离它们只有5步路远的地方，它们也没有感到丝毫害怕，还是在岸边或你面前飞来飞去。

这个时候，其他鸟都会在窠里孵蛋，或是在哺育幼鸟。只有这种鸟，在成群结队地周游全国呢！

令人惊奇的是，这些毛色鲜艳的漂亮小鸟都是雌鸟。鸟类中，几乎都是雄鸟的毛色要比雌鸟的毛色鲜明漂亮，而这种鸟正好相反——雄鸟灰不溜的，雌鸟却是花花绿绿的。

更令人惊奇的是，雌鸟对自己的孩子不管不顾。当雌鸟把鸟蛋下在遥远的、北方苔原上的小沙坑里之后，就飞走了！留下雄鸟孵蛋，哺育幼鸟，保护幼鸟。

这简直是雌雄颠倒啊！

这种小鸟就是鳍鹬，是鹬的一种。

到处可以看到鹬，它们今天出现在这儿，明天又会出现在那儿。

可怕的幼鸟

娇小可爱的鹟鸰妈妈在窠里孵出了6只光溜溜的幼鸟。其中有5只幼鸟都挺正常的。但第6只却是个怪胎——浑身的皮都非常粗糙，青筋暴露无遗，脑袋很大，眼睛鼓鼓的，眼皮耷拉着。只要它一张嘴，保管能把你吓得倒退三步——这哪儿是鸟嘴啊！简直就是野兽的血盆大口啊（运用夸张的手法来描写幼鸟的大嘴巴，给人留下深刻的印象）！

刚生下来那天，它安安静静地在窠里躺着。只在鹟鸰妈妈飞回来喂食的时候，它才费劲地抬起那沉沉的胖脑袋，张开大嘴，好像在微弱地叫着："喂吧！"

到了第二天，在凉飕飕的晨风里，鹟鸰爸爸和鹟鸰妈妈都飞出去找食物了，这个怪胎就忙活起来了。它低下头，用头顶住窠底，把双腿叉开，开始往后退。它把光秃秃的翅膀向后甩，用屁股去撞它的小兄弟，再往那个小兄弟的身子下挤。接着，它用弯翅膀夹住那个小兄弟，就像螃蟹用它的钳子似的。就这样，把它那个小兄弟扛在背上，不停往后退，一直退到鸟窠的边上。

这个小兄弟个子比他小，身体又弱，眼又没完全睁开，它的身子不停地摇晃着，就像被盛在汤勺里似的。这个怪胎用脑袋和双脚支撑着，然后把它背上的那个小兄弟高高抬起，眼看就要抬到窠边了。

这时，只见这怪胎一使劲，猛地一掀屁股，就把它的小兄弟摔到窠外了。

鹡鸰的窠是筑在河边悬崖上的。

可怜那只光溜溜的小鹡鸰，啪嗒一声就摔在石头上，死了。

可恶的怪胎也差一点摔到窠外。它在窠边上晃悠了半天，多亏了它长了沉重的大脑袋，总算重新挪回窠里了。

这可怕的事件，从开始到收场，一共持续了有两三分钟。

后来，筋疲力尽的丑八怪在窠里整整躺了一刻钟的光景，一动也不动。

鹡鸰爸爸和鹡鸰妈妈衔着食物回来了。这怪胎伸长了青筋暴露的脖子，抬起沉沉的大脑袋，迷迷糊糊地垂着眼皮，若无其事地张着嘴尖叫着，好像在说："喂我吧！"

这可怕的幼鸟吃饱了，也休息过了，又开始收拾它的第二个小兄弟了。这个小鸟没那么容易对付：它激烈地挣扎着，总是从丑八怪的背上滚落。不过，这个丑八怪并没有停止它那丑恶的行径！

就这样过了 5 天，当丑八怪睁开眼睛的时候，发现窠里只剩下自己了。它的小兄弟都被它扔到窠外摔死了。

<u>在它出世后的第 12 天，它终于长出羽毛。这时候才真相大白：鹡鸰爸爸和鹡鸰妈妈真是倒霉透了——原来它们喂养了布谷鸟丢弃的一个孩子</u>（在这里揭开这件奇怪的事情的真相，给人豁然开朗的感觉）。

可是这小东西叫得太可怜了，太像它们自己那些死了的孩子们了，它抖着翅膀一声声地叫着，张着嘴要吃的。那娇小温柔的老两口怎么忍心拒绝它呢，也不能活活把它饿死啊！

这老两口的日子真是怪苦的，整天忙忙碌碌的，自己都来不及吃一顿饱饭，从早忙到晚，就为了给它们的养子小布谷鸟送上肥美的青虫。它们得把整个脑袋都伸进小布谷鸟的血盆大口，才能把食物塞进它那无底洞般的大喉咙里。

一直喂到秋天，这老两口才把它喂大。小布谷鸟长大后就飞走了，一辈子也不再跟养父养母见面了。

小熊洗澡

有一天，我们的一位猎人朋友正沿着林中小河的河岸走着，突然听见一声巨响，像是树枝被压断的声音。他吓了一大跳，急忙往树上爬。

这时，林子里走出了一只深棕色的大母熊，带着两个蹦蹦跳跳的熊娃娃，还有一个一岁大的幼熊——熊妈妈的大儿子。现在，它俨然就是这两个熊娃娃的保姆了。

熊妈妈一屁股坐了下来。

幼熊咬住一只小熊娃娃的后脖颈，把它叼起来浸到河水里。

小熊娃娃尖叫起来，乱蹬着四条腿。可是熊哥哥紧咬着它不放，把它摁到水里洗得干干净净方才罢休。

另一只熊娃娃怕洗凉水澡，一溜烟儿地钻进林子里去了。

熊哥哥一个箭步追上去，打了它一顿，然后照样给它洗了个凉水澡（动词的运用形象地刻画出了小熊娃娃的调皮可爱以及熊哥哥的认真负责）。

洗啊，洗啊，熊哥哥一不小心，就把小熊娃娃掉到水里了。小熊娃娃大叫了起来，熊妈妈赶紧跳下水，把小熊娃娃拖上岸，然后狠狠地打了熊哥哥几个耳光。可怜的熊哥哥被打得干号了起来！

两只小熊娃娃回到岸上后，看起来感觉挺舒服的，天气这么热，它们还穿着厚厚的毛皮大衣！洗完澡后，它们凉快多了。

洗完澡，熊妈妈就带着孩子们回到林子里去了。猎人这才从树上爬下来，回家了。

浆　果

林子里有很多浆果都成熟了。此时大家正在果园里采树莓、红色及黑色的茶藨果还有醋栗。

在林子里也能找得到树莓。树莓是丛生灌木的一种。它的茎非常脆，你要是从一片树莓丛中间走过去，就难免要碰断它们的茎，你就能听到从脚底下发出的噼里啪啦声。不过，这对树莓来说并没有损害。现在这些树茎上挂满了浆果，只能活到入冬之前。看啊，这就是它们的下一代。有好多鲜嫩的地上茎从地下的根里钻了出来，毛茸茸的，浑身是细刺儿。到明年夏天，它们就能开花、结果了。

在灌木丛和草墩子旁以及伐木空地的树桩子旁，越橘果的一个侧面已经红了，就要成熟了。

越橘果一堆堆地生在枝头。有几串又多又大，沉甸甸的，茎都被压弯了，只好躺在苔藓上了（"躺"字形象地描绘出越橘果沉甸甸地压在枝头的模样）。

真想将一小丛越橘移植到自己家培育。这样的话，浆果会不会变得大一点呢？但现在人工培育越橘的技术还不成熟。越橘真的是一种很可爱的浆果。它的果实可以保存一个冬天。想吃的时候，用开水一冲或是直接捣碎，就会有果汁了。

为什么越橘果不会腐烂呢？因为它可以自我防腐。越橘中含有一种安息酸，可以保持浆果新鲜。

尼娜·巴甫洛娃

喝猫奶长大的兔子

我们家的猫今年春天生了几只小猫，不过后来小猫全被送走了。恰好这天，我们在林间捉到一只小兔子。

我们把它放到猫妈妈身边，猫儿的奶水正足，所以它很愿意给小兔子喂奶。

就这样，小兔子就喝着猫儿的奶，渐渐长大了。它们非常要好，甚至连睡觉也总在一起。

最好笑的是，猫妈妈教会了养子小兔子跟狗打架。只要有狗跑进我们院子，老猫儿就立马扑过去，拼命地乱挠乱抓。小兔子也紧紧跟在猫妈妈后面，举起两只前腿，擂鼓似的打到狗身上，拍得狗毛直飞。我家附近的狗都害怕我家的猫和小兔子。

将小兔子打狗的动作比作"擂鼓"，活泼生动。

小歪脖鸟的把戏

我们家的猫儿发现树上有一个洞，以为那一定是个鸟窠。它想掏小鸟吃，于是就爬上了树，可把头伸到树洞里一看，洞底竟有几条蠕动着、蜷曲着的小蝰蛇，还不停发出咝咝的叫声呢！猫儿吓坏了，赶快从树上蹦下来，撒腿狂奔。

其实那根本不是蝰蛇，而是歪脖鸟的幼鸟。它们转着脑袋、扭着脖子，就像蛇那样蠕动着、蜷曲着，其实不过是为了防御敌人。同时，它们还能像蝰蛇那样叫，大家都怕有毒的蝰蛇呀！所以小歪脖鸟就装成蝰蛇来吓唬敌人。

一场骗局

一只大雕看到一窝子琴鸡，一只大琴鸡带着一群黄色的毛茸茸的小琴鸡。

雕想：这回可以饱餐一顿了。

它从空中看准了，正想扑向它们，却被琴鸡发现了行迹。

琴鸡大叫一声，一眨眼的工夫，小琴鸡全都不见了。雕左瞧瞧右看看，一只琴鸡也没有了，好像都钻进地缝里了！雕没办法，只好飞走了。

又听见琴鸡叫了一声，小琴鸡们马上都跳出来，回到妈妈身边了。

其实，它们并没有去别的地方，不过是躺在那儿，紧贴着地面。你试试看吧，从半空里怎么可能看出它们跟树叶、青草及土块的区别呢？

可怕的食虫花

有一只蚊子飞过林中的沼泽地。它飞来飞去的，觉得累了，想喝点水。这时，它看到一朵好看的花，长着绿色的茎儿，细细的茎梢上挂着白白的小铃铛，铃铛下面长着一片片紫红色的小圆叶子。小叶子上有绒毛，毛上还闪烁着亮晶晶的露珠。

这只蚊子落在了一片小叶子上，吸吮着露珠。谁料，露珠像胶水一样黏，把蚊子的嘴给粘住了。

忽然之间，所有的绒毛都动了起来，小圆叶子合拢了，把蚊子裹了起来。

待了一会儿，等叶子再张开时，一张干瘪的蚊子皮掉在了地上，它的血都被花儿吸干了。

这是一种可怕的食虫花，名字叫作毛毡苔。它会像这样把小虫儿捉住，然后吃掉（在结尾揭开了这种可怕植物的神秘面纱，给读者留下想象的空间）。

在水底下斗殴

水下生活的小娃娃，和在陆地上生活的小娃娃一样，也爱打架。

有两只小青蛙在池塘里发现了一只怪里怪气的蝾螈，长着四条短腿儿，细长的身子，大大的脑袋。

"这是一个多么可笑的怪胎呀！"小青蛙们想着，"应该揍它一顿！"

于是一只小青蛙咬住了蝾螈的尾巴，另一只小青蛙趁机咬住了它的右前腿。

这两只小青蛙都使劲地扯着，蝾螈的尾巴和右前腿就被小青蛙扯断了，不过蝾螈还是逃走了。

几天后，小青蛙又在水底遇到这只小蝾螈。此时，它可成了真正的丑八怪了——在断了尾巴的地方，长出一条腿；在断了右前腿的地方，却生出了一根尾巴。

蜥蜴也有这个本事：尾巴断了，能再生出一根尾巴来；腿断了，能再长出一只腿来，蝾螈在这个方面比蜥蜴还要厉害。只是有时会出点儿偏差：在断了肢体的地方，会生出一个不一样的肢体来。

喜欢用水来冲

我想给大家介绍一种植物——已经开过花的景天（俗名"八宝"）。我很喜欢这种小植物，尤其喜欢它那厚厚的、鼓鼓的灰绿色小叶子。这叶子密密麻麻地长在茎上，茎都被遮没影了。景天花儿也很好看，就像颜色鲜艳的五角小星星（叠词的运用让这种植物形象可爱，读起来也很有韵律感）。

此时景天花已经凋谢了，结出了果实。它的果实也是扁扁的五角小星星，它们紧紧地合拢着。你可别以为这是果实没有成熟的标志。在晴朗的天气里，景天的果实总是这么合拢着的。

我可以让果壳张开。只要从水洼里弄点水来就行了，只要一滴。把这滴水滴在小星星的正中间，于是果壳就张开了。瞧，露出种子了。景天的种子不像其他植物那样怕被水冲。相反，它们喜欢用水来冲。多滴两滴水的话，种子就会顺着水流淌下来。水会把它们冲到别的地方。

帮助景天播种的，既不是风，也不是鸟，更不是兽，而是水。我曾看到一棵生在陡峭的岩石缝中的景天。想来也可能是顺着峭壁流下来的雨水，将景天的种子带到那儿的。

尼娜·巴甫洛娃

潜水的小矶凫

我去湖边洗澡的时候，看到一只矶凫正在教它的孩子游水。大矶凫像浮在水面上的一只小船，小矶凫们在练习潜水。小矶凫往水里扎个猛子，大矶凫就朝着它们游过去。后来，它们从芦苇旁钻出来，往芦苇丛深处游去了。我这才开始洗澡。

《森林报》通讯员　波波夫

好玩的小果实

荷兰犏牛儿是在菜园里生长的一种杂草，但它的果实非常好玩。这种植物长得不算好看，开着蓬松、散乱的紫红色花也非常平常。

此时，有一部分花儿已然凋谢，每个花托上都竖起了鹳嘴似的东西。原来，每个"鹳嘴"都是 5 个尾部连在一起的种子，但轻而易举就能分开。

这就是荷兰犏牛儿的大名鼎鼎的种子。它上面长着尖儿，下面带着条毛茸茸的尾巴，尾巴尖儿是弯的，跟镰刀似的，底部扭成一根螺旋一样的形状（比喻很贴切，使读者更容易了解荷兰犏牛儿种子的形态）。这根螺旋一受潮就会松开变直。

我将一粒种子夹在手掌间，哈了一口气。它真的转动起来了，它的小刺弄得我手心里痒痒的。还真的有变化，它不再像个螺旋了，变直了。

荷兰犏牛儿为什么要玩这么一套把戏呢？原来，它的种子落地的时候，会戳进泥土里，用那镰刀状的尾巴尖儿把小草钩住。当天气潮湿时，螺旋受潮，就会打开来，变直了。它一转，尖尖儿的种子便会钻进土里。

种子再想从泥土里出来，可就难喽——它的小刺是往上翘的，会顶住上面的泥土，种子就出不来了。这是多么巧妙的植物啊！自己就为自己播种了。

以前人们没有发明湿度计时，就利用这种好玩的小果实来测量空气的湿度。由此可见，这种小果实的小尾巴对湿度敏感到什么程度。人们会将这种种子固定在某个地方，它的小尾巴好比湿度计上的"指针"，人们根据小尾巴的移动，来判断空气的湿度。

小鹏鹛

有一次我在河岸上走着，发现了一种小飞禽，它们长得有点像小野鸭，又不特别像。这到底是什么东西呢？按理说野鸭嘴应该是扁扁的啊！而这些鸟的嘴却是尖尖的。

我赶紧脱了衣裳下水去追它们，它们也赶紧往对岸逃去。我紧紧追在它们后面，眼看着就要逮住一只了，它们却又往回逃了。我再追，它们又逃开了。就这样，我一直跟在它们后面。可累坏我了，都快没有力气上岸了！最后，到底没逮住它们（作者把追"小野鸭"的过程写得一波三折，使文章起伏有致）。

此后我又遇见它们好几次，不过，我没再下水去追它们。原来，它们真的不是小野鸭，而是鹏鹛的幼鸟——小鹏鹛。

《森林报》通讯员　库罗西金

夏末的铃兰花儿

在小河边，还有我们家的花园里，都生长着铃兰花儿。大科学家林奈用拉丁语给这种在5月里盛开的铃兰花儿取了个名儿——"空谷幽兰"。在所有的花里，我最爱这种花：爱它那长得像小铃铛般的花朵，洁净如白玉；爱它那弹性十足的绿茎；爱它那长长的叶儿，清凉、柔韧又鲜嫩；爱它那幽幽的香气！总之，它是那么纯洁，那么有朝气（运用排比的修辞，增强了语势，更表现出了铃兰花儿的美丽）！

春天的时候，我一大清早就会去采铃兰花儿，每天都会带回一束鲜花，把它养在水里。这样屋子里从早到晚都会有铃兰花儿的幽香在。我们家乡的铃兰在7月开花。

可是现在都到夏末了，我心爱的花儿又一次给我带来了新的惊喜。

我有一天偶然在铃兰花儿的大尖叶子下，发现了一种淡红色的小东西，我跪下去，拨开叶子一看，原来那下面是一颗颗坚硬的椭圆形的小果实，是橘红色的。它们像花儿一样美丽，它们好像希望我能把它们做成耳环，然后送给我的好朋友们戴上呢！

《森林报》通讯员　维立卡

天蓝的和草绿的

我今天起得很早，一看窗外，不由得惊叹：天啊！青草居然变成天蓝色了！完全是天蓝色！露珠把草儿压得低着头，草儿的身上亮晶晶的。

你把白色和绿色掺到一起试试，真的会变成天蓝色的。原来露珠洒在青草上，就会把它染成天蓝色。

我看到几条绿色的小径，穿过了天蓝色的草地，从灌木丛通往板棚。板棚里存着很多粮食，所以有一窠灰山鹑

趁人们还在睡梦中时，跑出来偷粮食吃了。它们竟在打麦场上！淡蓝色的山鹑，胸脯上长着一个马蹄形的深褐色大斑。它们笃笃地啄呀，啄呀！趁人们还没醒，它们得多吃点儿！

我再往远处看，林子边上有一片燕麦田。尚未收割的燕麦也变成天蓝色的了。有一个猎人扛着枪守在那儿，他一定是等着琴鸡来呢！——琴鸡妈妈经常带着它的孩子们到田里来觅食。琴鸡在天蓝色的燕麦田踏出一条绿色的小径——因为琴鸡跑过田里时，把燕麦上的露水碰掉了。我一直没听到猎人放枪，可能是琴鸡妈妈带着它的孩子们逃回林子里了。

《森林报》通讯员　维立卡

请爱护森林

如果枯树遭遇闪电，那可就太糟糕了！如果有人在森林里丢下一根没熄灭的火柴或是没把篝火踩灭就走，也会有大麻烦的！

火苗会像一条细细的小蛇，爬出篝火，钻进苔藓和干枯的针叶堆及阔叶堆中。突然之间，它又蹿出枯叶堆，舔一下灌木，跑到另一个枯树枝堆那里去了（一系列动词运用得很生动，细腻地描写了着火的过程）……

一秒钟也不能耽搁——这可是林火呀！趁着火势微小的时候，一个人就可以将它扑灭。赶紧折一些带叶子的新鲜树枝，拼命扑打火苗吧！千万别让火势扩大，更别让火势转移！快让你的朋友也来帮忙吧！

如果此时你手边有铁锹或者哪怕是结实的木棍也好，那就可以挖点儿土，然后用土和草皮把火压灭。

如果火苗已经从地面蔓延到树上，又从一棵树蹿到了另一棵树上的话，这场林火就算是真正开始了。赶紧找人来救火吧！赶紧拉响救火的警钟吧！

阅读鉴赏

这里有抛下孩子们不管的青蛙妈妈，也有对孩子无微不至的麋鹿妈妈。无论怎样，不能轻易否认它们对孩子的爱，它们都希望孩子能健康独立成长，只是表达方式不同。有的幼崽娇弱，如旋木雀、小海鸥；有的幼崽很强悍，如小布谷鸟。但要求得生存，小家伙们就要经受生活的磨炼，学会独立、坚韧地成长。它们可是森林未来的小主人呢！

拓展阅读

食 虫 花

食虫花属菊科草本植物，各花头外围苞片有黏液。食虫花看起来很美丽，还散发出淡淡的香味，正是这种香味，才引得小昆虫自投罗网，钻入它的花蕊。

林中大战（续前）

导　读

还记得六月份的那场残酷大战吗？最终是谁获得了胜利呢？没错，小白杨和小白桦成了胜利者。但是现在，又一场残酷的大战马上就要开始了，谁又是这场大战的胜利者呢？

本报通讯员去了第三块采伐空地。10年前，这里的树木被成片采伐。此时，这里仍在白杨和白桦的统治之下。

胜利者们是不会放其他植物进入那块领地的。草种类植物年年春天都想从土里钻出来，但它们很快就在阔叶帐篷下败下阵来。云杉每隔两三年会结一次种子。每次只要它结了种子，就会派一批新的伞兵去空地。不过，派去的那些云杉种子都没能从土里钻出来，都被小白桦和小白杨排挤死了。

白桦幼苗和白杨幼苗不是一天一天地长大，而是一个小时一个小时地长大。它们在采伐空地上生长得很茂盛。终于开始觉得拥挤了，于是彼此之间有了一些摩擦。

每棵小树都想多占点空间，无论是在地上还是地下。每棵小树都越长越粗，也离它们的邻居越来越近。采伐空地上的树木开始了夺地之争。

强壮的小树长得比孱弱（孱：chán，瘦小虚弱）的小树快，它们的根伸得长、扎得牢，树枝也更长。比较健壮的小树长高之后，就会把树枝伸到旁边小树的头上，它的小树邻居就会被树荫遮住，从此失去阳光的滋润。

在浓荫的遮蔽下，最后一批孱弱的树活不下去了。此时，矮小的青草终于有机会从土里钻出来了。不过，对那些高大的小树来说，青草没什么好怕的，就让它们在脚下蔓延吧！这样还可以更暖和呢！可胜利者们的种子在落到这个又暗又湿的地窖后，就全都窒息而死了。

云杉真有耐性，它们每隔两三年，就把树种派到这片采伐空地上来。胜利者们对这些小东西根本不屑一顾。它们能怎么样！——让它们落到又暗又湿的地窖里吧！

结果出人意料，小云杉破土而出，在又暗又湿的地窖里，它们的生存环境真恶劣啊！不过，它们只需要一点阳光就能生长，只不过它们长得又细又弱。

不过生在这里也是有好处的，不会有风来摧残它们，也就不会被风连根拔起。即便是在暴风雨来临的时候，白桦和白杨都被刮得呼呼地喘着气，东倒西歪，小云杉此时却在地窖里待得很安逸（运用对比手法衬托出小云杉的生长环境很安逸）。

小云杉待在那里挺暖和的，不会遭到春季刺骨的晨风和冬季严寒天气的迫害。那里的环境，可不像空旷的采伐空地！到了秋天，白桦和白杨落在地上的叶子腐烂后，散发出热量，草种族植物也散发热量，小云杉只需要足够的耐心去忍受地窖里一年四季暗无天日的生活就行了。

云杉幼苗倒不像白桦幼苗和白杨幼苗那样依赖阳光，它们可以忍受黑暗，并顽强地生长着。

本报通讯员们非常同情它们。后来，我们的通讯员们又搬到第四块采伐空地上去了。

我们期待着他们的下一次报道。

阅读鉴赏

森林中每个小主人的生命都不是永恒的，但正是因为有它们，才有了生机勃勃的夏天，才有了永不停息的生命。我们仿佛听到了森林中生命强有力的脉搏在跳动……

拓展阅读

种　子

种子，裸子植物和被子植物特有的系列体。种子有着适于传播或抵抗不良条件的结构，为植物的种族延续创造了良好的条件。种子与人类生活关系密切，一些药品、调味剂、饮料都来自种子。

农事记

导 读

　　一望无际的麦田里，金色的麦浪翻滚着，向远方滚了去……是啊，粮食熟了，蔬菜熟了，果子也熟了，不用说，又到了收割庄稼的季节！大人们，孩子们，谁都没有闲着，大家都忙着干农活呢！

　　又到了收割庄稼的季节了。<u>黑麦田和小麦田跟无边无际的海洋似的。麦穗又高、又壮、又密，个个颗粒饱满。很快，这些麦粒就会像一股股金黄色的麦浪流进粮仓</u>（比喻很贴切，渲染出大丰收的气氛，奠定了下文喜悦的感情基调）。

　　亚麻也可以收割了。集体农庄的人们正忙着在田里用拔麻机拔麻，真是快极了！女庄员们跟在拔麻机后面，把倒下的亚麻一束束捆起来，再堆成垛，10 捆一垛。不久后，亚麻田里就好像站满了一行行的士兵。

　　山鹑全家只好从秋播的黑麦田里搬到春播的田里去了。

　　黑麦也可以收割了。在割麦机的钢锯下，肥硕、结实的麦穗一束束倒伏在地。人们把麦子一束束捆起来，再堆成垛。田里的麦垛就像运动会上要接受检阅的运动员们。

　　菜园子里的胡萝卜、甜菜和别的蔬菜也都成熟了。人们把蔬菜送到火车站，火车把它们带到城里。城里的人们这段日子可以吃到新鲜可口的黄瓜，喝到甜菜做的红菜汤，也能吃到胡萝卜馅饼了。

孩子们去林子里采蘑菇、树莓和越橘果。这段日子里，<u>哪里有榛子林，哪里就有一群小孩，谁也赶不走他们。他们的口袋都装得满满的</u>（强调了孩子们采榛子时的高涨热情）。

大人们这时候可没时间采榛子，他们还得割麦、打麻呢！要用速耕小型犁耕一遍地，再耙好，就要开始种秋播作物了。

森林的朋友

卫国战争期间，这里有许多森林被毁掉了。此时各处林区都在努力设法重造森林，这项工作得到了很多中学生的帮助。

要找到好几百千克的松子，才能重造新的松林。孩子们3年以来收集了7500千克松子。他们还帮忙整地、照料小树苗、守卫森林、预防林火。

《森林报》通讯员　查洛夫

谁都有活儿干

到了天刚蒙蒙亮的时候，人们就都下地干活儿了。大人走到哪儿，孩子们就跟到哪儿。草场里、农田里、菜园里，到处有孩子们劳作的身影。

<u>看，孩子们扛着耙子迎面走来。他们麻利地把干草耙成一堆，然后放进大车里，把这些送到集体农庄的干草棚里了</u>（这段话描写了孩子们在干农活时的情景，突出了他们勤劳肯干、利索干练的形象）。

孩子们还得去拔杂草，亚麻田和马铃薯田里杂草很多——比如香蒲、滨藜和木贼。

到了拔亚麻的时节，孩子们的身影比拔麻机还早在亚麻地里出现。

他们将亚麻地四个角上的亚麻拔掉，这样拖着拔麻机的拖拉机在转弯的时候就更方便了。

孩子们在黑麦田里也找到活儿干了。大人们收割完麦子后，孩子们就把掉在地上的麦穗耙成一个堆儿。

阅读鉴赏

　　最让农民喜悦的莫过于这收割庄稼的收获时节。看着那"一股股金黄色的麦浪流进粮仓"，虽然忙忙碌碌很辛劳，但喜在眉间，甜在心里。还有可爱的孩子们也斗志昂扬地帮着干农活，像一个个小战士一样！作者就像在描绘一幅忙碌却温馨的田园画卷，浓浓真情从笔尖流淌，很有感染力。

拓展阅读

亚　麻

　　亚麻是人类最早使用的天然植物纤维，距今已有1万年以上的历史。亚麻喜凉爽、湿润的气候。亚麻纤维具有拉力强、柔软、细度好、导电弱等特点，可制高级衣料。

集体农庄新闻

导　读

泰戈尔说，新闻起先也像一团闷住的火，后来突然燃烧起来，成为熊熊烈火，无法扑灭。来自集体农庄的新闻可是闷也闷不住，森林报的通讯员们又给我们带来了新消息，看看他们又有了什么新的见闻！

红星集体农庄的田里有消息传来："现在这里一切顺利，谷粒也成熟了。不久后，我们就要开始播种了。今后，你们可以不用再为我们操心了，甚至也不用再来田里看望了。此时没有你们，我们也能过下去了！"

我们村子里的大人笑了笑说："那怎么行！怎么可能不去田里看望！这会儿正是最忙的时候啊！"

拖拉机拖着联合收割机去田里了。联合收割机能干很多活儿：收割、脱粒、簸(bǒ)分——它全都包了。当联合收割机开进麦田时，黑麦长得比人都高；可当它开出麦田的时候，就只剩下一些矮矮的残株了。联合收割机给人们的是纯粹的麦粒。人们将麦粒晒干，装进麻袋运到政府那里了。

变黄了的马铃薯地

本报通讯员曾去访问了红旗集体农庄的人们。在那里，他注意到这里有两块马铃薯地。一块略大一些，是深绿色的；一块比较小，已经变黄了。马铃薯茎叶已经非常枯黄了，好像快要死了似的。

我们的通讯员决定弄明白这件事，后来他寄来这样的报道："昨天，有一只公鸡跑到了变黄的马铃薯地里。它把那里的土刨松，又唤来很多母鸡，请它们一起吃新鲜的马铃薯。有一位女庄员路过，看见这场景笑了起来，就告诉她的女伴：'这回可不错啊！公鸡是第一个来收我们地里早熟马铃薯的。大概它能想到我们明天就要收早熟的马铃薯了吧！'由此可知，茎叶已经变黄了的马铃薯，是早熟的马铃薯。因为它成熟了，所以茎叶才变黄了。那块面积略大的深绿色田里，长着晚熟的马铃薯。"

林中快报

林子里长出了第一个白蘑菇，长得又结实、又肥硕呢！

白蘑菇帽子上有个小坑，菌盖周围是湿漉漉的流苏穗子。上面粘着许多松针。这白蘑菇四周的土都是鼓起来的。挖开这些土，就能找到许多许多，大大小小的白蘑菇！

从远方寄来的一封信

我们的船航行在喀拉海（位于俄罗斯西伯利亚以北，是北冰洋的一部分）东部。周围是一片汪洋，无边无际。

突然，桅杆顶上的监视员喊道："正前方有一座倒立的山！"

"恐怕那是他的幻觉吧！"我一面这样想，一面也爬上了桅杆。

我也看得清清楚楚：我们的船正朝着一个岩石重叠的岛屿开去。这座岛头朝上脚朝下，倒挂在空中。

一块块岩石倒挂在空中，没有什么东西能让它们依偎！

"我的朋友啊，"我自言自语，"是不是你的脑子有问题？"

此时，我骤然想起来了，"啊！原来是反射光！"于是我不由自主地笑了起来。这是一种很奇异的自然现象。

在北冰洋上，经常会出现这种现象——又叫作海市蜃楼。船在行驶的时候，你忽然能看见远处的海岸，或是能看见有一条船倒挂在空中。那是它们在空中的倒影，就和在照相机的取景器中看到的影像一样。

过了几个小时，我们到了那岛附近。当然，这座小岛并没有像想象中那样倒挂在半空中，而是稳稳当当地在水中矗立着，周围重重叠叠的岩石也并没有什么不同。

船长测定了坐标方位，看了地图，然后告诉我们说，这是位于诺尔德歇尔特群岛海湾入口处的比安基岛。这个岛被命名为比安基岛，为的是纪念俄罗斯科学家，也就是《森林报》所纪念的那位科学家——瓦连京·立沃维奇·比安基。我猜想，大家一定很想知道这座岛是什么样儿的，岛上都有什么东西吧！

这座岛是由很多岩石杂乱堆积而成的，有巨石，也有板岩。岩石上没有生长灌木，也不见青草的身影，只有稀稀拉拉地开着的几朵淡黄色和白色的小花。在背风朝南的岩石下，还长满了地衣和薄薄的苔藓。这里的一种青苔，长得很像我们那儿的平茸蕈（róng xùn），柔软又多汁。我从没在其他地方见过这种青苔。在坡势较缓的倾斜的海岸上，漂来了一大堆木头，有圆木、树干和木板，它们都是从海上漂过来的，也许是来自几千公里外的大洋！这些木头干得很透，甚至屈起手指头轻轻敲敲它们，就能发出清脆的声音。

现在已经是7月底，这里的夏天才刚刚开始。不过，这并不会妨碍那些冰块、冰山静悄悄地从小岛旁漂过去。它们在阳光下闪闪发亮，照得人睁不开眼睛。这里的雾气很浓，雾低低地笼罩在小岛以及海面上。若是有船只经过，也只能看得见桅杆，却看不见船身。不过，船只很少经过这里。岛上荒无人烟，因此岛上的动物见了人，一点也不害怕。无论是谁，只要随身带点盐，就可以往动物的尾巴上撒点盐，然后再轻轻松松地捉住它们。

比安基岛是一个真正的鸟儿的天堂。这里可不是鸟的闹市，没有上万只鸟挤在一块岩石上做窠的状况。大多数鸟儿都是自由自在地在岛上随意安排自己的窝儿。在这里安家的，有成千上万的野鸭、大雁、天鹅、潜鸟以及各式各样的鹬。再往高一些，在光溜溜的岩石上做窠的有海鸥、北极鸥以及管鼻鹱（hù）。这里有各式各样的海鸥——有浑身雪白、长着黑翅膀的鸥；也有体形纤小、粉红色羽毛、尾巴像叉子的鸥；还有体形硕大、性情凶猛的北极鸥——专吃鸟蛋、小鸟，也吃小动物。这里有浑身雪白的北极大猫头鹰，还有像云雀那样飞到云霄里唱歌的美丽的白翅膀、白胸脯的雪鹀（wú），还有在地上边跑边唱歌的北极百灵鸟，它们的脖子上生着黑羽毛，就像几绺黑胡子，头上竖起两小撮黑冠毛，就像一对小犄角。

这儿的野兽才真叫多呢！

我带了早点，到海岬边坐了坐。坐下后，我身边有好多旅鼠跑来跑去的。这种啮齿类动物个头很小，浑身毛茸茸的，灰色、黑色和黄色的毛相间着。

岛上有很多北极狐。我曾在乱石堆中看到过一只，它正悄悄地走向一窝还不会飞的小海鸥。大海鸥忽然发现了它，马上一齐扑向它，只听见一片吵闹声后，这个小偷夹着尾巴飞快地逃走了！

这儿的鸟非常会保护自己，也绝不让自己的孩子被欺负。这样的话，这里的野兽可就要挨饿了。

我开始眺望海面，有许多鸟在那里游来游去。我吹了一声口哨儿，突然间，岸边的水底下钻出了几个皮毛光滑的圆脑袋，用一双双乌黑的眼睛好奇地看着我，大概它们在想：这是从哪儿来的丑八怪！他为什么要吹口哨呀？

原来这是海豹——一种体形很小的海豹。

在离岸稍远一点儿的地方，又出现了一只体形比较大的海豹。再远一点儿，是一些长着胡子的海象，它们的体型就更大了。忽然之间，它们都钻进水里了，鸟儿也大声地叫着，飞上了天空——原来是白熊来了，从水里露出头来，白熊是北极地区最凶猛、最强大的野兽。

我觉得饿了，这才想起伸手拿早点来吃。我明明记得把早点放在自己身后的一块石头上了，可是这会儿它却不见了。我找了找，石头下面也没有。

我跳起身。一只北极狐从石头底下蹿了出来。

小偷，小偷！是这个小偷悄悄地偷走了我的食物。包早点的纸还被它衔在嘴里呢！

你看，这里的鸟都把这样一个体面的动物饿成什么样儿了！

远航领航员　马尔丁洛夫

阅读鉴赏

在本章中，作者介绍了农庄的新"利器"——方便快捷的联合收割机，早熟的变黄了的马铃薯，还有远航领航员的海上"奇幻漂流记"，内容有详有略，字里行间充满了童趣。

拓展阅读

海市蜃楼

海市蜃楼是一种因光的折射和反射而形成的自然现象。它是地球上物体反射的光经大气折射而形成的虚像。海市蜃楼只能在无风或风力极微弱的天气条件下出现。

猎事记

导 读

七月还没过完，猎人们就等得不耐烦了！晚上林子里那些毛骨悚然的叫声实在讨厌，白天里人们也被这些猛禽闹得不得安宁。猎人们坐不住了，扛起猎枪，牵起猎犬，来收拾那些可恶的猛禽野兽！注意了，没长大的幼鸟可不能打哦！

这会儿幼鸟还不成熟，还没学会飞行，猎人们该怎么打猎呢？更何况还不能打小鸟小兽。法律上，禁止在这段时期猎捕飞禽走兽。

不过，即便是在夏天，法律上也是允许打那些专吃林中小动物的猛禽以及危害人的野兽的。

黑夜的恐怖

你在夏天的晚上去外面走走，就会听到从林子里传来一阵阵很吓人的声音。忽然冒出几声"嚯嚯嚯"；忽然冒出几声"哈哈哈"，简直吓得人后背上的汗毛都竖起来了（拟声词的运用，让读者仿佛身临其境）！

有时候，不知道是谁会在一片黑暗里闷声闷气地从顶楼式屋顶上大叫，发出"呜呜呜"的声音，仿佛在说："快走！快走！就要大祸临头了……"

在这个节骨眼儿上，在黑漆漆的半空中，有两盏圆溜溜的绿灯亮了起来——是一双凶恶的眼睛。接着，你身边会闪过一个无声无息的阴影，几乎擦到你的脸。这怎能不令人感到害怕呢？

就是出于这种恐惧心理，人们才讨厌各种各样的猫头鹰。林子里的鸮鸟夜夜狂笑，那笑声尖锐刺耳。而栖息在屋顶上的鸮鸟，用一种不祥的声音，不停对人们说："快走！快走！"

就算是大白天，若是一个黑漆漆的树洞里，猛地探出一个脑袋，瞪着一双黄澄澄的圆眼睛，张着钩子似的尖嘴巴，发出"吧嗒吧嗒"的、很响亮的声音，也很容易把人吓一大跳呢（"猛地探出""瞪着""张着"等细节，刻画出这种鸟的凶恶神态）！

如果在深更半夜，家禽中间有一阵骚动，鸡啊、鸭啊、鹅啊，一齐乱叫，发出"咯咯咯""呷呷呷""嘎嘎嘎"的声音，到第二天一早，那家主人发现少了几只家禽，那他一定会怪鸮鸟的。

白日打劫

不单单是在夜晚，即便是大白天，人们也被猛禽闹得不得安宁。

老母鸡一不留神，它的一个孩子就会被鸢鹰抓走。

一只公鸡刚跳到篱笆上，就被鹞鹰一把抓走了！一只鸽子刚从屋顶起飞，就有一只不知从哪儿飞来的游隼来袭击它。游隼冲进鸽群捞了一爪子，就见鸽子的绒毛四散而飞；它抓住那只死鸽子，一下子就飞得没影了（动作描写很形象，让人可以真实感受到游隼凶猛的气势）。

万一猛禽被人们碰上，那些恨极了猛禽的人才不会去仔细区分哪只是好鸟，哪只是坏鸟呢——只要他一看见张着钩形嘴和长长的爪子的猛禽，就立刻把它打死。他要是非要认真地消灭猛禽，将周围一带的猛禽都打死或是赶走，那他就要后悔喽！那时候，田里的老鼠将会大量繁殖，金花鼠会把整个庄稼都吃光，兔子会把菜园里的白菜都啃个干净。

不会算计的人们在经济上将会有很大的损失。

谁是朋友，谁是敌人

首先要认真学会辨别那些对人类有益的猛禽以及有害的猛禽，才能不把事情搞糟。那些伤害野鸟以及家禽的猛禽是对人类有害的。而那些消灭老鼠、田鼠、金花鼠等有害的啮齿类动物和蚱蜢、蝗虫等害虫的猛禽都是对人类有益的。

不管它们长得多么难看，它们都是益鸟。只有我们这儿的那种体形很大的鸮鸟——大角鸮和有着圆圆脑袋的大鸮鹰才是害鸟。不过，它们也常会捉啮齿类动物吃呢！

白天行动的猛禽里，最讨厌的是老鹰。我们这儿的老鹰有两种：体形硕大的游隼和体形很小的鹞鹰（体形比鸽子还要细长一点）。

叠词的运用，使老鹰的形象更为具体，读起来也很有韵律感。

我们很容易区分老鹰和其他猛禽。老鹰是灰色的，胸脯上有杂色的条纹，脑袋小小的，前额低低的，眼睛是淡黄色的，翅膀圆鼓鼓的，尾巴长长的。

老鹰非常强悍、凶恶。它们敢扑到个头儿比它们大的动物身上；它们甚至在吃饱的情况下，也会毫不犹豫地杀死其他鸟。

鸢的尾巴尖有分叉，根据它的这种特征，我们很容易就能认出它来。它比老鹰要弱得多。它不敢去扑个儿大的飞禽走兽，只会四处张望，看哪儿能抓到一只笨头笨脑的小鸡或是哪儿能吃到腐烂了的动物尸体。

大隼也是害鸟。它们尖尖的、弯弯的翅膀就跟两柄镰刀似的。它们飞得比其他鸟都快，而且常会去猛扑那些正在高空中飞翔的鸟，这样就免得在失手扑了个空的时候，猛地撞到地上，把胸脯撞破了。

最好不要惊动那些小隼鹰——有些小隼鹰对人类还是非常有益的。比如红隼，这种猛禽有个外号叫作"疟子鬼儿"。我们常能看到这种红褐色的猛禽飞翔在田野的上空。它在半空中悬着，好像身上绑着一根从云堆下垂下来的看不见的线似的。它总是抖动着翅膀（所以它的外号叫"疟子鬼儿"），搜寻着草丛中的老鼠、蚱蜢和蚯虫。

雕对我们是害多利少。

怎样打猛禽？

在窠边打它们。

我们一年四季都可以打那些对人类有害的猛禽。我们有各种各样的打这些猛禽的方法。

最方便的方法，就是在它们的窠边打它们。只不过，这种打法非常危险。

硕大的猛禽为了保卫它们的孩子，会狂叫着扑向猎人。所以人们不得不在离它非常近的地方开枪。枪要打得快、准、狠，否则你的眼珠子可就难保了。不过，要找到它们的窠可不是件容易的事。雕、老鹰和游隼都把自己的窠安置在难以攀登的岩石上或是茂密的森林里的高大的树木上。大角鸮和大鸮鹰则把窠安置在岩石上或者就筑在茂密丛林里的地上。

偷　袭

雕和老鹰常会落在干草垛和白柳树上或落在孤零零杵着的一棵枯树上，搜寻着可以捕捉的小动物。它们可不允许人走近它们。

那就得靠偷袭了，要悄悄地绕到灌木丛或是石头后打它们。必须要用那种远射程的来复枪和小子弹。

带个助手

猎人去打白昼行动的那些猛禽时，常会带上一只大角鸮。头一天，他会在附近一处的小丘上插上一根木杆，然后在木杆上安一根横木，将一棵枯树埋在离这根木杆几步远的土里，然后在旁边搭一个小棚子（作者细致地介绍了搭棚子的过程，为下文狩猎这些猛禽提供了环境背景）。

第二天一早，猎人就带着大角鸮来了，把大角鸮拴在木杆的横木上，自己则躲在小棚子里。

过不了多久，只要老鹰或是鸢看到这个可怕的怪胎，就会立马扑过来。因为大角鸮常在夜里出来打劫，所以结下很多仇敌，它们都想报复它。

它们在空中打着盘旋，向大角鸮一次次地扑过来，落在枯树上，向这个强盗大声嚷嚷着。

拴在木杆上的大角鸮，除了竖起浑身上下的羽毛，眨巴着眼睛，张着钩形嘴外，也没有别的办法了（"竖起浑身上下的羽毛"简洁地刻画出了大角鸮的恐惧心理）。

猛禽们正在怒气冲天之时，就会忽略那个小棚子。趁着这个时候，你就开枪打吧！

黑夜打猎

在黑夜里打猛禽是最有趣的经历。我们不难找到老雕和其他大型猛禽过夜的地方。比如周围若是没有岩石，雕就会在一棵孤零零的树的树顶上打盹儿。

猎人会挑一个没有月光照耀的黑夜去这样一棵大树旁打猎。

雕此时正在沉睡，所以没有发觉猎人已走到树下。猎人出其不意地打开强光灯（手电筒或是电石灯）。突然有一道耀眼的强光向着雕射去。雕被照醒了，眼睛还眯着，迷迷糊糊的。它什么都看不见，也不明白究竟发生了什么，于是就待在那儿一动也不动（介绍了猎人在黑夜打猎的诀窍，给人留下深刻的印象）。

猎人从底下往上看，却看得清清楚楚的。他瞄准后，就可以开枪了。

夏　猎

从 7 月底开始，猎人们就等得不耐烦了。幼鸟已经长大了，可政府还没有规定今年夏季的狩猎日期。

猎人好不容易盼到了这一天——报上的公告说：从 8 月 6 日起开禁，允许人们在林子里和沼泽地里打飞禽走兽。

每个猎人都早就准备好了弹药，把猎枪检查了一遍又一遍。8月5日那天下班以后，各个城市的火车站里都挤满了扛着猎枪、牵着猎犬的人（侧面描写了猎人们摩拳擦掌、跃跃欲试的焦急又兴奋的心理状态）。

火车站上各种猎犬都有：短毛猎犬和光毛猎犬的尾巴都是直直的，像条鞭子似的。各种颜色的狗都有：白色带黄色斑点的；黄色带杂色斑点的；棕色带杂色斑点的；浑身白色，眼睛、耳朵上以及全身带着大黑斑的；深褐色的；浑身乌黑，长得油光闪亮的。

还有长毛短尾的谍犬——有毛色发白，闪着青灰色光，带小黑斑点的；也有白色，带着大黑斑的；有"红毛"的长毛猎犬——浑身黄红色的，浑身火红色的，也有几乎是纯红色的；还有体形很大的猎犬，它们显得高大笨拙，行动迟钝。它们的毛色是黑的，带着黄色斑点。这些都是专门为了打夏季刚出窠的野禽而驯养的猎犬——它们都经过专业训练，只要一嗅到野禽的气味，就会站住脚步，一动也不动，等着主人走过去。

还有一种矮小的猎犬，它们的毛很长，腿很短，长耳朵几乎耷拉到

地上，尾巴短短的，这是西班牙猎犬。它们不会站定指示野禽的方向，不过带着这种狗在草丛里或是芦苇丛里打野鸭或是在灌木丛里打松鸡，都是非常方便的。无论飞禽在水里，在芦苇丛里还是在茂密的灌木丛里，都会被这种狗撵出来。如果飞禽被打死或是被打伤了，无论它落到哪儿，都会被这种狗衔回来交给主人。

多数猎人都会乘近郊的火车出外打猎，每一个车厢里都有猎人的身影。大家都会望着他们，欣赏他们漂亮的犬。整个车厢里的人都在那里谈论着野味、猎犬、猎枪和不俗的猎迹。<u>猎人们都觉得自己简直要变成英雄了，他们时不时地抬起眼睛，得意扬扬地望着这些"平常人"——那些没带猎枪和猎犬的乘客们</u>（细节描写很形象地刻画了猎人们趾高气扬的形象）。

6 号晚上和 7 号早上，火车又把那些猎人载回城里。不过，可不是每个人都满载而归。好多猎人的脸上都露出了沮丧的神情，垂头丧气地把干瘪瘪的背包挂在肩上。

"平常人"微笑地迎着这些昨日的英雄们。

"打到的野味在哪儿呀？"

"留在林子里了。"

"飞去别处送死了。"

这时，有一个猎人从一个小站上车了，一进车厢就得到了一阵赞美声——原来他的背囊鼓鼓的。他谁都不看，只顾着找座儿——人们连忙给他让座，他就大模大样地坐下了。他邻座的那个人眼尖心细，对着全车厢的人说道："咦！……你这野味儿怎么全长着绿脚爪呀？"然后就很不客气地揭开了背包的一角。

里面露出了云杉树枝的梢儿。

真难为情呀！

阅读鉴赏

本章主要介绍了夏天猎人打猎的情况，包括怎么辨别动物中的敌友，怎么偷袭，怎么在夜色里打猎，等等。作者用活泼幽默的笔调，给我们刻画了猎人们狩猎时勇敢和机智的形象。

拓展阅读

猫 头 鹰

猫头鹰大多栖息于树上，部分种类栖息于岩石间和草地上。绝大多数猫头鹰是夜行性动物，昼伏夜出，但也有部分在白天外出活动。食物以鼠类为主，也吃昆虫、小鸟、蜥蜴、鱼等动物。

结队飞翔月 （夏季第三个月）

一年12个章节的
太阳诗篇——八月

导　读

　　不知不觉，林子里的小家伙们眨眼间就都已经长大，是该出去闯荡了！小家伙们展开双翼，尽情地去拥抱蓝天吧！但如果没有翅膀，要怎么飞行呢？让我们一起到本章里寻找答案吧！

　　八月是闪光之月。夜里，远方会出现一束束闪光，无声地照亮森林，闪光瞬息即逝。

　　草地在夏季里进行着最后一次换装：此时的它变得五彩缤纷。

　　草地上，花儿的颜色大多变得越来越深、越来越暗——有蓝的，有淡紫的。阳光渐渐变得微弱，草地需要珍藏这日益变弱的阳光了。

　　蔬菜、水果等，就要成熟了；而那些晚熟的浆果，比如树莓、越橘果等，也快要成熟了；沼泽地上的越橘和树上的花楸(乔木，树冠伞形，主干通直。楸，qiū)果，也都快熟透了。

　　这时，有一些蘑菇也出世了，它们不喜欢热辣辣的阳光，于是就藏在阴凉处躲避，活像一个个小老头。

　　各种树木已经不再往高里和粗里生长了。

森林里的新规矩

林子里的小孩子们都已经长大，出来闯荡了。

春天的时候，鸟儿都成双成对的，住在自己的地盘上。现在却带上孩子们在林子里不停地迁居。

林子里的居民们经常你来我往，互相拜访。

甚至那些野兽和猛禽，也不再严守着自己的领地了。猎物很多，遍地都是，保准够大家吃的。

貂、黄鼠狼还有白鼬满树林闲逛，无论它们到哪儿，都能够不费事地找到吃的——总有傻头傻脑的小鸟儿、缺乏经验的小兔和粗心大意的小老鼠。

成群结队的鸣禽在灌木和乔木间飞来飞去。鸟群有自己的规矩。

那就是：我为大家，大家为我。

谁最先发现敌人，就得尖叫一声或者吹个尖尖的口哨，警告大家赶紧四散飞走。如果有一只鸟不幸遇到祸事，整群鸟儿就一齐大叫、大吵着，把敌人吓跑。

成百对眼睛、上百双耳朵在保持警戒；成百张尖鸟嘴，随时准备打退敌人。加入鸟群的幼鸟越多，就越安全。

鸟群里的幼鸟要遵守这样一个规矩：要模仿老鸟的一举一动。老鸟们要是不慌不忙地啄麦粒，幼鸟也得跟着啄麦粒。老鸟们抬起头来，一动不动，幼鸟也得如此。老鸟们逃跑，幼鸟也得赶紧跟着逃跑。

教 练 场

鹤和琴鸡都为自己的后代准备了一块专门的教练场。

琴鸡的教练场设在林子里。小琴鸡们聚集在那里，观察琴鸡爸爸的动作。

琴鸡爸爸"咕噜咕噜"地叫着，小琴鸡也跟着学。琴鸡爸爸"啾叽（jiū jī）啾叽"地一叫，小琴鸡也尖声尖气地"啾叽啾叽"地叫起来。

不过，现在琴鸡爸爸的声音变了，跟春天时不太一样了。它春天时好像在嘟囔着："我要卖掉这件皮袄，然后买一件大褂！"现在好像变成："我要卖掉大褂，然后买一件皮袄！"

小鹤们排列成队，飞到教练场，它们正在学习如何在飞行的时候排列成整齐的"人"字阵。它们必须要学会做这件事，只有这样，它们在长途飞行时才能节省体力。

飞在"人"字阵队伍前头的，是身强力壮的老鹤。它身为全队的先锋，需要冲破气浪，带队飞行。所以，它的任务比其他鹤艰巨。

等到它累了，就会退到队伍的末尾，由其他强壮的老鹤来代替它领队。

小鹤跟在领头鹤的后头飞，一只紧跟着一只，头尾相连，按着节拍挥舞着翅膀。谁的体力好一些就飞在前面，身体弱的就跟在后面。"人"字阵用阵前的"三角尖"冲破一个个的气浪，跟小船用船头破浪前进是一个道理。

"嘎！嘎！"

这是发命令，嘱咐大家听命令："注意，到目的地了！"

鹤一只跟着一只地落到地上。这是田野中的一块空地，小鹤们在这儿学习跳舞、体操：它们跳啊、旋转啊，跟着节拍做出各种灵巧的动作，舒展着双腿。还得做一种难度最大的练习：用嘴将一块小石子抛出去，再用嘴把它接住。

它们就是这样为长途飞行做准备的……

蜘蛛飞行员

如果没翅膀，要怎么飞行呢？

得想办法呀！就这样，几只小蜘蛛变成了热气球驾驶员。

小蜘蛛从肚子里吐出一根细丝来，将一头固定在灌木上。微风吹动细丝，细丝在空中飞舞着，吹也吹不断。蜘蛛丝很结实，像蚕丝似的。

小蜘蛛在地上站着。蜘蛛丝从灌木上一直垂到地面，在空中飘呀、荡呀。小蜘蛛还站在地上继续往外抽丝。蜘蛛丝把它的身子缠住了，就像一个蚕茧，可是蜘蛛丝还在越抽越多，越抽越长，风越吹越猛。

小蜘蛛用 8 只脚牢牢抓住地面。

一，二，三——蜘蛛迎风走上前去，咬断固定在细枝上的那一头。吹来的一阵风，就将小蜘蛛刮走了。

蜘蛛飞起来了！

得赶快松开缠在身上的丝啊！

小气球飞到空中了……飞得高高的，飞过草地，也飞过了灌木丛。

驾驶员往下看，究竟在哪儿降落最好呢？

下面是森林，是小河。再往前飞呀！再飞远点！

看，这是谁家的小院子啊？一群苍蝇正绕着一个粪堆嗡嗡作响。别飞了！降落！

驾驶员将蜘蛛丝绕在身下，再用小爪子把蜘蛛丝团成一个小球儿。小球渐渐降落了……好了，着陆吧！

蜘蛛丝的一端挂在草叶上，小蜘蛛安全着陆了！

可以在这里安心过日子了。

在天气晴朗，干燥的秋季某天，有很多小蜘蛛带着它们的细丝在空中飞行。村子里的人们就说："秋天老了！那是秋的宛如银丝的白发在空中飞舞（运用比喻和拟人的修辞，生动形象写出了蜘蛛丝在空中飞舞的情景）。"

阅读鉴赏

森林鸟群中立下了新规矩——"我为大家，大家为我"。一只小鸟不足以抵抗貂、黄鼠狼等敌人，但这里有成百对眼睛、上百双耳朵在保持警戒；成百张尖鸟嘴，随时准备打退敌人。一只小鹤不足以飞达目的地，但鹤群一只紧跟一只，"人"字队形就能冲破气浪，抵达目的地。看来团队的力量可不容小视呀！

拓展阅读

蜘蛛丝的妙用

人类利用蜘蛛丝始于1909年，在第二次世界大战时，蜘蛛丝曾被用作望远镜、枪炮的瞄准系统中光学装置的十字准线。20世纪90年代后，科学家开始对蜘蛛丝蛋白基因组成、结构形态、力学性能等开始有了深入研究，为蜘蛛丝的商业化生产提供了可能性。

林中大事记

导　读

有一只贪吃的羊，吃光了一片树林；有一群勇敢的鸟，赶跑了一只猫头鹰；有一只胆小的狗熊，被吓死了；有一只讲义气的野鸭，英勇牺牲了；有一种菌类，比毒蛇还毒；有一种昆虫，只有一天的生命……森林里又炸开了锅！到底发生什么了呢？

一只山羊把一片树林都吃光了。这不是开玩笑，有一只山羊真的把一片树林都吃光了。这只山羊是护林人买的。他把它带到林子里，拴在草地上的一根树桩上。到了半夜，山羊挣断绳子，逃走了。

周围全是树。它能去哪儿呢？幸亏那一带附近没有狼。

护林人找了它3天，还是没有找到。到了第4天，山羊自己回来了，还"咩咩咩"地叫着，好像在打招呼："你好啊！我回来了！"

可是晚上，邻近的一个护林人慌慌张张地找来了。原来这只山羊把他那边所有的树苗都啃了——它把整片树林都吃光了（先写故事的结果，设置悬念，使故事情节跌宕起伏，引人入胜）！

树木还小的时候，完全没有保护自己的能力。随便什么牲口，都能欺负它们，把它们拔出来，然后吃掉。

山羊最喜欢吃细小的松树苗。它们是长得很漂亮——就像一棵棵小棕榈——一根纤细的红色树干，上面是像一把把张开的扇子似的软软的绿针叶，大概对山羊来说的确是美食吧！

山羊当然不敢靠近大松树，大松树的松针会把它戳得头破血流的！

《森林报》通讯员　维立卡

捉 强 盗

成群结队的柳莺在林子里到处飞。从这棵树飞到那棵树，又从这丛灌木飞到那丛灌木。它们把每一棵树、每一棵灌木的角落，上上下下，里里外外都仔仔细细地搜寻了一遍。把树叶背面、树皮上、树缝里的青虫、甲虫和蝴蝶、飞蛾，都找出来吃掉（将柳莺觅食的样子描写得活灵活现）。

"啾咿！啾咿！"有一只小鸟惊惶地叫了两声，所有小鸟就马上开始警惕起来了。只见树底下有一只凶恶的白鼬，正偷偷地往树上爬。它在树根之间若隐若现，一会儿露出乌黑的后背，一会儿消失于倒在地上的枯树间。它细长的身子像蛇一样扭动着，它狠毒的小眼睛，在黑暗中喷出火花般的凶光（运用比喻的修辞手法，形象地描写出了白鼬身体的细长和眼神的凶狠）。

"啾咿！啾咿！"各处的小鸟都叫了起来，这一群柳莺便匆匆忙忙地从这棵大树上飞走了。

白天还好说。只要有一只鸟能发现敌人，其他鸟就都可以逃脱了。可到了夜晚，小鸟躲到树枝下睡觉，但这时敌人可没睡觉！猫头鹰扇动着软软的翅膀，无声无息地飞了过来，看准小鸟的位置，就用爪子猛地一抓！睡得迷迷糊糊的小鸟，吓得四处乱窜。可还是有两三只被强盗的利爪抓住了。天黑的时候，可真是不妙！

此时，小鸟们陆续钻进森林深处。这些身子轻盈的小鸟儿，穿过层层树叶，钻进最隐蔽的角落。在茂密的丛林中央，杵着一个粗大的树桩子。树桩上长着一簇奇形怪状的蘑菇。

一只柳莺飞到蘑菇跟前，想看一看那儿有没有蜗牛。

忽然之间，那蘑菇灰茸茸的帽儿自己升起来了，只见那帽子下面有一双闪亮的圆溜溜的眼睛。

这时，柳莺才看清，这是一张像猫脸似的圆脸，圆脸上有一张像钩子一样的弯嘴巴。

柳莺大吃一惊，连忙闪到一旁，尖叫起来："啾咿！啾咿！"整个族群骚动起来，可没有一只小鸟飞走。大家聚在一起，将树桩团团围住（鸟儿们勇敢团结的形象跃然纸上）。

"猫头鹰！猫头鹰！救命！救命！"

猫头鹰气得嘴巴一张一合的，"啪啪啪"地响着，好像在说："哼！你们还主动找上我啦！不让我睡个好觉！"

有很多小鸟听见柳莺的警报，从四面八方赶了过来。

快捉强盗啊！

体形很小的、黄脑袋戴菊鸟是从高大的云杉上飞过来的。灵巧的山雀是从灌木丛里跳出来的，它们都勇敢地加入了战斗，在猫头鹰的眼前不住地盘旋，冷嘲热讽地冲着它叫着："来啊！你来碰我们呀！来啊！你来捉我们呀！尽管来吧！捉住我们啊！大白天的，你倒试试看！你这该死的夜游神，你这强盗（语言很直白，充满了冷嘲热讽和挑衅的语气，可见当时鸟儿们对猫头鹰的憎恶）！"

猫头鹰只有把嘴巴弄得吧嗒吧嗒直响的份儿，眼睛一眨一眨的——大白天的，它能有什么办法呢？

鸟儿络绎不绝地飞来。柳莺和山雀的喧嚣声，引来了一群勇敢又强壮的林中老鸦——长着淡蓝色翅膀的松鸦。

这可吓坏了猫头鹰，它扇动着翅膀，赶紧溜之大吉。还是快逃吧，保住性命要紧，再不逃走，会被松鸦啄死的（这是对猫头鹰心理状态的一段描写，侧面烘托出了鸟儿们的勇敢和强悍）。

松鸦紧紧跟在它后面，追啊，追啊，一直把猫头鹰赶出了森林。

柳莺可以安心地睡一晚了。如此大闹一场之后，猫头鹰很长一段时间都不敢再回老地方了。

草　莓

森林边缘上生长的草莓红了。鸟儿看到红色的草莓果，就叼走了。草莓的种子会被它们播撒到很远的地方去。不过有一部分草莓的后代，仍会留在原地，和母株并排长在一起。

看，在这株草莓旁已经长出了匍匐在地上的细茎——草莓的藤蔓。蔓梢儿上是一棵幼小的新植株，才长出一簇复叶以及根的胚芽。这里还有一株，在同一棵藤蔓上，有3簇复叶。第一棵小植株已然扎根了，另一棵的梢头还没发育好。藤蔓从母株向各处爬去。想要找到带着去年子女的老植株，就得在野草稀疏的地方找。比如说这棵吧：中间是母本植株，它的小孩子则环绕在它的周围，一共有3圈。每一圈平均有5棵。

草莓就这样一圈紧挨着一圈地四处扩展，不断扩大自己的地盘。

尼娜·巴甫洛娃

狗熊被吓死了

这天晚上，猎人很晚才从森林里出来，往村庄里走去。当他走到燕麦田的时候，看到燕麦田里有个黑东西在打转转儿。这是什么东西呀？

难道是牲口闯进庄稼地了吗？

猎人仔细一看——天啊！原来躺在地里的是一只大狗熊。它肚皮朝下，往地上一趴，用两只前掌搓着一束麦穗，压在身下正吮吸着呢！看来，燕麦浆很对它的胃口。

猎人身上没带枪弹，只剩一颗小霰弹（他用来去打鸟的）。不过，他是个勇敢的小伙子。

"管他呢！"他心想：放一枪再说。总不能让狗熊糟蹋麦田呀！不吓吓它，它是不会挪地方的。

他装上霰弹，对着狗熊就是一枪，正好在狗熊的耳边响了。

狗熊猝不及防，吓得猛地跳了起来。麦田边上正好有一大丛灌木，狗熊像只鸟儿似的从上面蹿了过去。

它蹿过去后，摔了个大跟头；它爬起来，头也不回地，一溜烟跑回森林了（动作描写生动地刻画出胆小的狗熊惊慌逃跑的情景）。

原来狗熊胆子这么小啊！猎人觉得很好笑。他笑了一阵，就回家了。

第二天早上，猎人心想：得去看一眼，田里的麦子被狗熊糟蹋了多少？他去昨天那个地方一瞧，一路上都有熊粪的痕迹，一直通到林子里，原来昨天狗熊吓得拉肚子了。他顺着痕迹一路走去，只见狗熊躺在那儿，死了！

狗熊居然被吓死了，它可是森林里最强大、最可怕的一种野兽呢（结果出人意料，让人回味）！

食 用 蕈

一场雨后，有蘑菇长出来了。长在松林里的白蘑菇是最好的蘑菇。

白色的牛肝菌长得又厚实，又肥硕。它们的菌盖是深栗色的，散发着一种令人闻了就觉得特舒服的香味儿。

在林中小路旁的浅草丛里，生长着一种油蕈。有时候它也长在车辙里。它们的嫩芽很好看，长得很像小绒球。好看固然是好看，只是黏糊糊的，上面总会粘着点儿什么东西，有时是枯树叶，有时是细草茎。

在松林间的草地上，生长着一种棕红色的蘑菇——松乳菇，老远就能看见它火红的外衣。松林里这种蘑菇可真不少！大的差不多有小碟子那么大，菌盖被虫子咬出了很多洞，菌褶发绿。最好的蘑菇是中等大小的，比五戈比硬币稍微小一点。这种蘑菇才真叫肥硕厚实呢。它们的菌盖中间往下凹，边儿是向上卷起的。

云杉林里也生长着很多蘑菇。云杉树下就长出了白蘑菇和松乳菇，不过它们和松林里的长得不一样。白蘑菇的菌盖颜色更深，还有点发黄，菌柄更细一些，更长一些。松乳菇的颜色就跟松林里的蘑菇完全不一样了——它们的菌盖不是棕红色的，而是蓝绿色，而且带着一圈一圈的纹理，就像树桩上的年轮。在白桦和白杨下，也各长着各自特有的蘑菇。因此，它们也就各有各的独特的名字——白桦蕈、白杨蕈。白桦蕈在离白桦很远的地方也能生长；白杨蕈却和白杨寸步不离。白杨蕈是一种长得很好看的蘑菇，体态端庄，婀娜多姿，蕈帽、蕈柄就像雕刻的似的（形象地刻画出了白杨蕈优美的姿态）。

尼娜·巴甫洛娃

毒　蕈

一场雨后，也长出了不少毒蕈。食用蕈多是白色的，毒蕈也有白色的。你可得留神辨别！毒白蕈是毒蕈中最毒的一种——一小块毒白蕈，比让毒蛇咬一口还可怕。它能让人送命（把毒白蕈和毒蛇相比较，可见毒白蕈的毒性之强）。谁要是误吃了这种毒蕈，很少有完全康复的。

幸亏这种毒白蕈不难辨认。与食用蕈相比，它的菌柄就像是插在细颈大花瓶里。人们常说很容易把毒白蕈跟香蕈弄混（这两种蕈的菌盖都是白的）。不过，香蕈的菌柄就是普通样子的，谁都不会说它的菌柄像是插在花瓶里似的。

毒白蕈长得最像毒蝇蕈。所以有人甚至将其称为白毒蝇蕈。如果用铅笔给它们画个素描，人们根本认不出到底是毒白蕈，还是毒蝇蕈。它们的菌盖上都有白色的碎片，菌柄上都像围着一条衣领子似的（比喻生动形象，通俗易懂）。

还有两种危险的毒蕈——一种叫胆蕈，一种叫鬼蕈，很可能被当作白毒蕈。它们与白毒蕈的不同之处在于：它们的菌盖背后，不像白毒蕈那样是白色或是浅黄色的，而是粉红色或是红色的。还有，如果掰开白蕈的菌盖，它的菌盖还是白的。但如果掰开胆蕈和鬼蕈的菌盖，会发现它们的菌盖里面起初是微红色，之后就变黑了。

尼娜·巴甫洛娃

"暴雪"纷飞

我们这儿的湖上昨天"暴雪"纷飞。轻飘飘的"雪花"在空中飞舞着，眼看着"雪花"就要飘落到水面上了，却又盘旋着升起来，从高空中散落下去了。此时天空晴朗，无云。太阳光灼烧着大地。热空气在滚烫的阳光下静静地流动，没有一丝风。可是湖面上却"暴雪"纷飞！

今天早上，整个湖面和湖岸边都洒满了干巴巴、死僵僵，雪花一样的絮状物。

这场"雪"可真是奇怪啊：滚烫的阳光晒不化它，也没有反射出它的光芒。这种"雪花"是暖的、易碎的。

我们走过去想看个究竟，直到走在岸边时，我们才看清楚——这哪是雪呀！是成千上万只长着翅膀的小昆虫——蜉蝣（前面设置悬念，作者在这里揭开谜底，让读者有种恍然大悟的感觉）。

它们是昨天从湖里飞出来的。它们在暗无天日的湖底待了整整 3 年。那时，它们还是些模样丑丑的幼虫，在湖底的淤泥里蠕动着。

它们以淤泥和臭烘烘的水藻为食。它们一直在黑暗里，从来没有见过太阳，就这样过了 3 年。

昨天，这些幼虫终于爬上了岸，蜕掉了身上难看的幼虫皮，展开它们那轻巧的翅膀，拖着尾巴——3 条又细又长的线，飞上了天空。

它们的寿命只有一天，这一天里，它们在空中尽情地跳舞，享受着生命的快乐。因此，人们又称蜉蝣为"一日虫"。

它们在阳光下跳了一整天舞，像轻盈的雪花在空中飞舞。雌蜉蝣落到水面上，把它们那些很小的卵产在水里。

当夕阳西落、夜幕降临的时候，湖岸和水面上就撒满了"一日虫"的尸体（生之美妙与死之寂寥两种情景形成强烈的对比，突出了蜉蝣生命的美丽和短暂，更能触人心弦）。

蜉蝣的卵将会孵化成小幼虫。幼虫又将在暗无天日的湖底度过 3 年的时间，然后变成快活的"小雪花"，展开翅膀在湖水的上空翩翩起舞。

白 野 鸭

有一群野鸭落在了湖中央。

我在岸上观察它们。这是一群身披夏季纯灰色羽毛的雄野鸭和雌野鸭。我惊奇地发现它们里面有一只浅毛野鸭，非常显眼。它总待在野鸭群的最中间。

我用望远镜仔细地观察了一番。它从头到尾都长着浅奶油色的羽毛。当早晨明亮的太阳从乌云后伸出头来时，它骤然变得耀眼闪亮，在那群深灰色的同类之中，显得非常另类。但它的其他地方与别的野鸭毫无区别（逐步深入，层层递进，将目光聚焦于浅色野鸭的身上，使故事很有层次感）。

在我 50 年的狩猎生涯里，还是头一次遇到患色素缺乏症的野鸭。患上这种病的鸟兽，血液里缺乏色素，它们一生下来皮毛就是雪白色或是非常淡的颜色，而且一辈子都是这样。对于自然界里的动物来说，保护色具有非凡的保护功能，可是它们却没有保护色。鸟兽有了保护色，这样在它们居住的地方才不那么容易被发现啊！

这只野鸭可真是个奇迹，不知它是如何避免死在猛禽利爪下的。我当然也想抓到它。不过，此时可办不到，这群野鸭之所以要落在湖心休息，就是为了让人无法走近它们去放枪。我开始心神不宁了，只好一直等机会，看什么时候能在岸边遇到那只毛色奇特的白野鸭。

没想到，这个机会这么快就来了（这一句独立成段，承上启下，使情节出现转折，引人入胜）。

一天，我正沿着湖边窄窄的水湾走，突然有几只野鸭从草丛中飞了出来，其中就有那只白野鸭。我冲着它举起枪，但就在开枪的那一瞬间，一只灰野鸭挡住了白野鸭。灰野鸭被我的霰弹打死了，掉在地上。白野鸭和其他的野鸭一起仓皇逃走了。

这难道是一种偶然吗？当然不是！不过，那年夏天，我又好几次见到这只白野鸭在湖中心和水湾里游荡。总有几只灰野鸭陪伴着它，就像它的卫士。不用说，猎人的霰弹当然都是打在普通灰野鸭身上了，而白

野鸭却安然无恙地在同伴们的保护下飞走了（灰野鸭的这种大义凛然，让人肃然起敬）。

反正我始终没能打着它，这件事是在皮洛斯湖上发生的。皮洛斯湖坐落在诺夫戈罗德州和加里宁州的交界处。

维·比安基

阅读鉴赏

在这里有胆怯的狗熊，也有勇敢的鸟群和野鸭；有凶悍的敌人，也有并肩作战的伙伴。作者像是站在高处鸟瞰整个森林，给我们描绘着一个纷繁多彩的、事态万千的森林城堡。这里还有令人印象深刻的"一日虫"，在黑暗中沉寂3年，才换得一天短暂的生命，表现了生命的可贵……此外，作者还在文中给我们上了生动的一课，教给大家一些辨识毒蘑菇的小知识，下次采蘑菇的时候可要注意了！

拓展阅读

毒蕈

蕈，即大型菌类，尤指蘑菇类。有毒的大型菌类称毒蕈，亦称毒菌。毒蕈即俗语"毒蘑菇"。目前全世界已知的毒蕈百余种，在中国已发现的约有80余种。常见的毒蕈有竹玉蕈、卵天狗菌、毒蔓蕈、苦栗蕈、霍乱蕈等。各种毒蕈所含的毒素不同，引起中毒的临床表现也各异。在无法判断蕈是否有毒时，不要随便采食。

应该种哪些树

导　读

　　你知道应该种哪些树来造林吗？你知道怎样栽种这些树木吗？十年树木，百年树人。你知道自己能为保护森林做些什么吗？来补一下关于植树造林的小知识吧！

　　你们知道应该种哪些树来造林吗？我们为了造林，已精选了 16 种乔木和 14 种灌木。在我国各地都可以栽种这些树种。

　　最主要的树种是：**栎树**（树形优美多姿，枝繁叶茂。栎:lì）、杨树、椴树、白桦树、榆树、槭树、松树、落叶松、桉树、苹果树、梨树、柳树、花楸树、洋槐、锦鸡儿、蔷薇以及醋栗。

　　所有小朋友都应该懂得这些知识，并且牢牢记住，为了开辟林场，需要采集哪些树种。

《森林报》通讯员　彼·拉甫洛夫　谢·拉里奥诺夫

机器造林

需要种的树木数量太多了，光靠人工栽种可忙不过来。

人类发明并制造了各种各样复杂精巧的植树机。这些机器不仅能播撒树木种子，还能栽种苗木，甚至能栽种已经成材了的大树。还有栽种成片森林带的机器、在峡谷边造林的机器、挖掘池塘的机器、平整土地的机器，甚至还有照顾苗木的机器。

人 工 湖

在北方，有很多大大小小的河流、湖沼和池塘，所以夏天也不太热。可是我们克里米疆区的池塘很少，也根本没有湖，只有一条浅浅的小河流过。可一到夏天，这条小河就会变浅甚至干涸，我们只要稍稍挽起裤脚儿，就能光脚走过去。

过去，我们集体农庄的果园和菜园常闹旱灾。现在好了，果园和菜园再不会闹旱灾了。因为我们新挖了一个水库——一个储水量达 500 万立方米的大人工湖。

这个人工湖的水足够用来灌溉 500 公顷菜园子，还可以用来养鱼、养水禽。

克里米疆区中学生　卡巴特西科

我们也要造林

我们沿着伏尔加河（欧洲最长的河流，也是世界上最长的内流河）种了成千上万棵小栎树、小槭树和小梓树，这个防护林带横穿整个草原。现在，这些小树苗长得还不够结实，还有很多敌人，比如：害虫、啮齿类动物以及热风。

我们学校的学生决定帮助大人们保护小树，不让它们受到这些敌人的侵害。

一只椋鸟一天能消灭 200 克蝗虫。如果椋鸟住在防护林带附近的话，它们就能带给森林很大好处。我们和乌斯切库尔郡、普里斯坦等地的孩子们一起搭了 350 个椋鸟房，放在年幼的防护林带附近。

金花鼠以及其他一些啮齿类动物对小树的生长也非常不利。我们将要和农村的小伙伴们一起消灭金花鼠——往鼠洞里灌水，或是用捕鼠机捉它们。我们要做一些捕鼠机。

我们这儿的集体农庄将负责防护林带的补栽任务。因此，需要大批的树种和树苗。今年夏天，我们将会收集 1000 千克种子。乌斯切库尔郡以及普里斯坦等地的学校都将会开辟苗圃，为防护林带培育栎树、椴树等。我们将要和农村的小伙伴们一起组成巡逻队，保护防护林带，不让它们遭到践踏、破坏，并预防火灾。

萨拉托夫城第 63 班学生

帮助复兴森林

我们少先队参加了植树造林工作，正在收集各种树种，再将这些树种交给集体农庄以及护田造林站。我们在校园里开辟了一个小小的苗圃，栽种了橡树、枫树、山楂树、白桦、榆树等。这些树种都是我们自己采集来的。

政府决定每年都在我国各地的农村和城市里举行一次园林周。中部和北部各州，园林周在十月初举行；南方各州，园林周在十一月初举行。

第一届园林周，于筹备十月革命 30 周年纪念会之时举行。各地集体农庄当时都新开辟了好几千个花园。国有农场、农业机械站、学校、医院等机关的大院；公路和大街两旁、集体农庄庄员、工人、职员的私宅的四周空地上，都新栽了好几百万棵果树。后来，每逢园林周，国家苗木场就早早培育出几千万棵苹果树苗和梨树苗，还有无数棵浆果树苗和装饰植物的苗木。没有果园的地方，也着手开辟果园了。

列宁格勒　塔斯社

阅读鉴赏

作者列举树苗的种类，列举数字，列举新栽上树的地方……这种列举手法的运用，使文章内容充实，从而避免了写作中"假、大、空"等问题。

如今，人类为了自己的一己私利乱砍滥伐，殊不知森林是大自然的"肺"，也是人类生存的重要伙伴，所以我们一定要加倍保护我们的绿色伙伴！

拓展阅读

人 工 湖

人工湖，一般是人们有计划、有目的地挖掘出来的一种湖泊，非自然环境产生的，也包括常提到的水库。北京大学的未名湖就属于人工湖。

林中大战（续前）

导　读

夏季的第三次林中大战又要开始了。在第一次林中大战中，小白桦和小白杨获得了阶段性胜利；在第二次林中大战中，云杉获得了阶段性胜利；此次林中大战，又会是谁获得胜利呢？

第四块采伐空地大概是在 30 年前被砍光的——本报通讯员在那儿得到这样的消息。

孱弱的白桦幼苗和白杨幼苗都死在了自己强大的同胞手下。此时的丛林底层，只有云杉还活着。

云杉在阴暗的角落里悄悄发育的时候，比它高大、健壮的白桦和白杨仍继续在它上面肆虐（不顾一切，任意妄为）、吵闹。历史又重演了：哪棵树长得比身旁的树高，就占了上风，冷酷无情地将失败者消灭掉。

失败者干枯后，就倒了。于是，树叶帐篷顶上就会出现一个大窟窿——阳光似暴雨般从那里直泻而下，径直落在地窖中的小云杉头上。

小云杉有点惧怕阳光，因此生病了。

得过一段时间，它们才能习惯阳光的照射呢！

小云杉总算慢慢地恢复了健康，也将身上的针叶换掉了。此后，它们就开始飞快地往高蹿，搞得敌人们都来不及补好小云杉头顶的破帐篷。

幸运的小云杉终于跟高大的白桦、白杨一样高了。其他那些强壮、多刺的云杉，也紧跟着把长矛似的尖梢伸向了最高层。

这时候它们才暴露出来，麻痹大意的胜利者——白桦和白杨，让多么可怕的敌人，住进了自己的地窖里啊！

我们的通讯员亲眼看见了这些仇敌间，残酷的白刃战，那才真叫可怕呢！

一阵阵狂烈的风刮来了。风，让这里所有活在拥挤不堪环境下的林木兴奋起来了。阔叶树往云杉身上扑，用它们的手臂——树枝，拼命地抽打着敌人云杉。

连平日里哆哆嗦嗦的、窃窃私语（背地里小声说话）的、胆小的白杨，这时也稀里糊涂地挥舞起了它的枝条，想努力扭住黑黝黝的云杉，然后折断它们的针叶树枝。

只有白杨不是好战士。它们的手臂一点也不坚韧，很容易就折断了。强壮的云杉才不怕它们呢！

白桦和白杨不同。它们体格很好，力气大，枝条也柔韧。即便一阵微风刮过，它们那弹簧似的手臂也会随之摆动。白桦轻轻一晃身子，周围的所有树木可就得当心了，因为被它撞一下，可够你受的！

白桦和云杉开始肉搏了。白桦用柔韧的枝条鞭打着云杉的枝条，抽断了云杉一簇簇的针叶。

只要云杉被白桦扭住手臂，云杉的针叶就会纷纷落下；只要云杉被白桦撞掉一块皮，云杉的树顶就会枯萎。

云杉还能抵御得住白杨，却抵御不住白桦。云杉是一种非常坚硬的树木。虽然它们不易折断，也不易弯曲，它们却也没法用那直挺挺的针叶树枝去抵抗。

我们的通讯员没有看到林木大战的战果，最终的战果得在那儿住上很多年才能看到。于是他们就动身去找林木大战已经结束了的地方。

他们在哪儿能找到这种地方呢？我们将在下期《森林报》上继续报道。

阅读鉴赏

　　作者运用生动活泼的语言向我们展示了小白桦与小白杨的麻痹大意和云杉的悄悄发育，内容充实而有趣。本章的最后，作者没有向我们揭示此次战争的结果，给我们留下了无尽的想象空间。

拓展阅读

白　杨

　　白杨，原产中国，分布广，北起中国辽宁南部、内蒙古，南至长江流域，以黄河中下游为适生区。垂直分布在海拔1200米以下的地带，多生于低山平原土层深厚的地方。

导　读

　　时光"嗖"的一下就蹿到了夏季列车的尾巴上！人们收割完庄稼，又忙着播种，忙着将第一批最好的粮食交给国家，而山鹑呢？它们正忙着搬家呢！

　　我们这儿各个集体农庄的庄稼都快要收割完了，最忙的时候到了。我们将收获的第一批最好的粮食交给国家。各集体农庄都先将自己的劳动果实上交国家。

　　大家收割完黑麦，就收割小麦；收割完小麦，就收割大麦；收割完大麦，就收割燕麦；收割完燕麦，就该轮到收割荞麦了（结构整齐，语气连贯，而且能突出割麦子之间环环相扣的有机联系）。

　　各集体农庄到火车站的路上都很热闹，一辆辆大车上都载满了新收获的粮食。

　　拖拉机总是在田里轰鸣着：秋播作物已经播完了，此时正在翻耕土地，准备来年的春播。

　　夏季的浆果已经过季了。不过，果园里的苹果、梨和李子都熟了。林子里长出很多蘑菇。在铺满青苔的沼泽地上，越橘也红了。农村里的孩子们在用棍子打落一串串沉甸甸的花楸果。

山鹑一家老少可遭殃了：它们刚从秋播庄稼地搬到春播庄稼地不久。现在，又得从这块春播庄稼地转移到另一块春播庄稼地里（侧面反映出农庄人们的忙碌和勤劳）。

山鹑全家躲进了马铃薯地，那里没有谁会去惊动它们。

不过，此时人们又来挖马铃薯了。马铃薯收割机一发动，孩子们将篝火燃起，在地里搭起锅灶，就在那儿烤马铃薯吃了。每个孩子的小脸儿都抹得脏兮兮的，活像一群黑小鬼，看着可吓人了！

灰山鹑只好离开马铃薯地。它们的幼鸟终于长大了！但现在也允许猎人打山鹑了。它们得找个藏身、觅食的地方啊！可是去哪儿找呢？各处的庄稼都收割了。不过，这时候秋播地的黑麦已经长得非常高了。这下有地方打食了，也有地方躲避猎人敏锐的眼睛了（这段描写一波三折，饶有趣味）。

"神眼人"的报

8月26日，我赶着一辆大车向外运送干草。走着走着，就看到一只大猫头鹰在一堆枯树枝上歇着，两个眼睛紧紧地盯着枯树枝堆。我觉得这事很奇怪，猫头鹰为什么离我这么近都不飞走呢？我停下马车，向前走了几步，捡起一根树枝扔向猫头鹰。猫头鹰吓得飞走了。它刚一飞走，就有几十只小鸟从枯树枝堆底下飞了出来。原来它们藏在那里，躲过了它们的敌人——猫头鹰（这节按照事件发生、发展的先后顺序来进行叙述，使故事显得条理清楚）。

《森林报》通讯员　列·波里索夫

阅读鉴赏

作者构思很巧妙，从写山鹑搬家来侧面描述农庄人们收割粮食、播种的忙碌过程，避免了平淡无奇的平铺直叙，使故事生动有趣。从中也可以看出集体农庄的人们热火朝天的干劲儿以及人们当时对国家的热爱——把最好的粮食交给国家，这也是那个特定历史时期的特殊产物。

拓展阅读

集体农庄

　　集体农庄，又称农业劳动组合。它是十月革命后，苏联劳动农民自愿组成的集体经济组织。土地国家所有，由农庄永久使用。在集体农庄中，基本生产资料如大型农具、役畜、畜群、经营用建筑物等，属于集体所有；庄员进行集体劳动；农庄的收入在扣除补偿生产资料消耗、提取公有基金以后，按庄员的劳动数量和质量分配给个人消费，即按劳分配。

集体农庄新闻

导　读

　　在收割完庄稼的麦秆田里，杂草可真会和人类捉迷藏，居然藏在地下！可人类也不是这么好欺负的，使了个小计，迷惑一下杂草，就将这个问题解决了！真的这么神奇吗？

迷惑战术

　　在只剩下像鬃毛一样的麦秆田里，杂草隐藏了起来。杂草可是田地的敌人呀！它的种子落到地上，长长的根藏在地下。它们在等着春天的来临。春天一到，人们翻耕完土地，就会种上马铃薯。那时，杂草就会翻身，开始阻碍马铃薯的发育。

　　人们决定使个小计，迷惑一下杂草。他们把松土用的粗耕机开到田里。粗耕机将杂草种子翻到了土里，并将杂草的根茎切成一段一段的。

　　杂草还以为春天来了呢，因为那时天气暖和，土又松又软的，于是它们就生长起来了。草种发芽了，一段段的根茎也发芽了，田里一片绿意盎然。

　　这可把人们乐坏了！等杂草长出来后的秋末，我们就把地再翻耕一遍，把杂草翻个底朝天。这样，等到了冬天，它们就会冻死的。杂草啊，杂草！你们休想再欺负马铃薯了！

一场虚惊

林中的鸟兽们都惊慌失措了：森林边上来了一批人，他们在地上铺了很多干枯的树枝。这也许是一种新式的捕鸟捕兽器吧！林中动物们的末日来了！

其实，这是一场虚惊——这批人并没有恶意。他们是集体农庄庄员。他们在铺亚麻，铺成薄薄的一层，整齐的一行又一行，亚麻留在这里慢慢地经受雨水和露水的浸润。经过这样的浸润，想取亚麻茎里的纤维就很容易了。

瞧这兴旺的家庭

五一集体农庄的母猪杜什加生了 26 只小猪。我在二月里才祝贺过它呢，那会儿，它生了 12 只小猪。好一个兴旺的家庭！孩子太多了！

公　愤

黄瓜田里群情激愤，黄瓜们在抱怨着："为什么庄员们三天两头就来咱们这儿一趟，把咱们的嫩黄瓜都摘走了？让它们安安稳稳地成熟该多好！"

可是，人们只需要留下一小部分黄瓜当种子，其余的都在最嫩的时候被摘走。未成熟的小黄瓜嫩而多汁，非常好吃。成熟的黄瓜，就不能吃了。

帽子的样式

在林中空地以及道路两侧，有棕红色蘑菇和油蕈探出头来。松林里的棕红色蘑菇是最好看的——火红火红的，矮矮胖胖又结结实实，帽儿上带着一圈一圈的花纹。

孩子们都说，棕红蘑菇菌帽的样式是从人那儿学去的——它们的菌帽真的很像草帽。

油蕈倒是不一样。它们的菌帽跟人的帽子不太像。别说男人了，就是年纪轻轻的姑娘，为了赶时髦也不会戴这种帽子的。油蕈的帽儿黏黏的，实在无法让人们产生好感呢！

一无所获

一群蜻蜓飞到曙光集体农庄的养蜂场里捉蜜蜂。蜻蜓有点败兴：奇怪啊，养蜂场里怎么会没有蜜蜂啊？蜻蜓们可不知道，原来在 7 月中旬以后，蜜蜂就搬到林中盛开的帚石南花丛里了。

等到帚石南花谢了，它们在那儿酿好黄澄澄（颜色特别黄。澄，dēng）的帚石南蜂蜜后，就会搬回来了。

尼娜·巴甫洛娃

阅读鉴赏

人们"迷惑"杂草，"吓唬"鸟兽，"祝贺"母猪；黄瓜抱怨人类，蘑菇模仿人类……在作者的笔下，集体农庄一片和谐温馨。有人说，心里有什么，眼睛就能看到什么。这些农庄的生物在作者看来，是和人类一样有灵性、有感情、有智慧的生命，所以在作品的字里行间流露着一种对生命的尊重和关怀，一种人道主义精神。

拓展阅读

帚 石 南

杜鹃花科常绿低矮灌木，多分布在欧洲西部及亚洲、北美。它是欧洲西部及北部许多荒地的主要植被。帚石南茎紫色，小枝绿色，叶片密生，花序羽状。帚石南用途很广，大枝可制扫帚，短枝可扎刷子，蔓生的长枝可编箩筐。

猎事记

导　读

　　打猎，也是个技术活儿！不是凭着运气，也不是只靠勇气……跟上猎人们的步伐，来看看猎人们是怎么和猎物斗智斗勇的！他们能满载而归吗？

带猎犬出门打猎

　　8 月的一个早晨，我和塞苏伊奇结伴去打猎。我的两条西班牙短尾猎犬——吉姆和鲍依兴奋地叫着，直往我身上跳。塞苏伊奇有一条很漂亮的长毛大猎犬叫拉达，它将两只前脚搭在自己的矮小主人的肩膀上，舔了一下主人的脸（细节描写表现出了猎犬和主人间亲昵的感情）。

　　"去，你这个淘气鬼！"塞苏伊奇用袖子擦了擦被狗舔过的地方，假装生气地说。

　　这时，3 条猎犬已经离开我们，去刚割过草的草场上飞奔了。漂亮的拉达迈着矫捷的大步子狂奔着，只见它那黑白相间的身影在碧绿的灌木丛中忽隐忽现。我的那两条短腿猎犬，像是受了委屈似的汪汪直叫，拼命想追赶拉达，可就是追不上（把两只猎犬既羡慕又委屈的神态刻画得活灵活现）。

　　让它们尽情撒个欢吧！

我们来到一簇灌木林旁。我打了个口哨，唤回了吉姆和鲍依，它们俩在我身旁边走过来走过去的，嗅着灌木和一个个长满青苔的草墩子。拉达则在我们前面往来穿梭，一会儿从我们左边闪过，一会儿又从我们右边窜出去。

　　拉达跑着跑着，突然站住不动了。

　　它好像撞到一面看不见的铁丝网，僵在那儿，一动不动，保持着刚才狂奔时的那个姿势：头微微向左歪，脊背有弹性地弯着，左前爪抬起，尾巴伸得笔直笔直的，像根大羽毛似的（动作描写很细致，使拉达当时的姿态跃然纸上）。

　　不是撞到什么铁丝网，而是一股野禽特有的气味让它止住了奔跑。

　　"您打吧！"塞苏伊奇建议我。

　　我摇了摇头，把我的两条狗叫了回来，让它们躺在我脚边，免得它们添乱，把拉达发现的猎物给赶跑了。

　　塞苏伊奇不慌不忙走到拉达跟前，把猎枪从肩膀上拿了下来，扣上扳机。他并没有忙着指挥拉达往前跑。他大概也和我一样，也爱欣赏猎犬指着猎物时的那个动人画面——那个努力克制着自己满腔激情和兴奋的优美姿势吧（写"我"揣测伙伴塞苏伊奇的心理，虚实结合，给读者留下更多想象回味的空间）！

　　"前进！"塞苏伊奇终于下达了命令。

　　拉达却一动也不动。

　　我知道有一窠琴鸡藏在灌木丛里。塞苏伊奇又命令狗前进，拉达刚前进了一步，"噗噗噗"一阵响，有几只棕红色的大鸟从灌木丛里飞了出来。

　　"前进，拉达！"塞苏伊奇又重复了一遍命令，一面端起了枪。

　　拉达快速往前跑，绕了半圈，又站住不动了，这次是停在另一簇灌木丛旁。

　　那里能有什么呢？

　　塞苏伊奇又上前去，吩咐它道："往前走！"

　　拉达钻进灌木丛，然后绕着跑了一圈。

　　在灌木丛后面，悄悄飞出一只棕红色的鸟儿，个头不太大。它有气无力、笨拙地挥动着翅膀。两条长长的腿好像受了伤似的，拖在身后（动作描写描绘出鸟儿笨拙无力的样子）。

塞苏伊奇把猎枪放下，气冲冲地唤回拉达。

原来那是一只长腿秧鸡。

这种生活在草地上的野禽，在春天的牧场上发出刺耳的尖叫声。那时，猎人倒还爱听这种声音；可是在狩猎的季节里，猎人们可就讨厌它了：它们在草丛里乱钻，让猎犬们没办法指示方向——猎犬一闻到它的气味，刚把姿势摆好，它就从草丛里偷偷地溜走了，让猎犬白费力气。

不久后，我和塞苏伊奇分头行动了，我们约好在林中的小湖边见面。

我沿着一条狭窄的溪谷走着，满眼葱茏，溪谷两侧是杂木丛生的高岗（对这狭窄的溪谷进行描写，渲染出一种紧张的气氛）。咖啡色的吉姆与它的儿子——黑、白、棕三色相间的鲍依跑在我的前面。我得时刻准备着放枪，眼睛还总得盯住它俩，因为这种猎犬不会做潜伏动作，它们随时都可能惊动野禽。它们穿梭在每一丛灌木里，一会儿隐没在茂密的草丛里，一会儿又出来。它们那半截子尾巴，一刻不停地摇着，像螺旋桨似的。

是的，不能让这种猎犬有一根长尾巴：如果它的尾巴很长，那么当尾巴打在青草或是灌木上时，该会有多大的动静啊！而且它们的长尾巴不被灌木丛撞得破皮才怪呢！因此，在这种猎犬的幼崽出世3周时，它们的尾巴就会被剁掉，以后也不会再长了。留下的短短的半截尾巴，刚好可以一把抓住。这截尾巴是提防它掉进沼泽地里的。那时，人们只要抓住它的半截尾巴，就能把它拖出来。我目不转睛地瞅着这两条猎犬，自己也弄不明白，怎么这种时候还能同时看见周围的一切美好景色，发现无数美妙的新奇事物呢？

我看到——太阳已经爬上树梢，青草和绿叶间闪着万道金光；我看到——草丛和灌木上的蜘蛛网闪着银光；我看到——松树干曲折盘旋，好像一把巨椅——只有童话中的森林之魔才配坐的椅子。可是，森林之魔在哪里呢？那个"椅座"上倒是积起了一汪水，有几只蝴蝶在周围翩翩起舞（综合运用了排比、比喻、拟人的修辞手法，形象地写出"我"沉醉于大自然的喜悦欢愉的心情）。

两条猎犬过去喝水，我的喉咙也变干了。我脚边的一片卷边的阔叶草叶上，滚动着一颗晶莹的露珠，就像一颗价值连城的金刚钻。

我小心翼翼地弯下腰——可别碰到露珠呀！我轻轻摘下这片叶子，连同这一滴露珠——世上最纯净的一滴水。这滴水，精心地吸收了朝阳的全部喜悦。

毛茸茸、湿漉漉的草叶一碰到我嘴唇，清凉的水珠就滚到了我干燥的舌尖上。

吉姆忽然狂吠起来："汪，汪，汪汪汪！"我当即丢下曾给我解渴的那片阔叶草，任它飘落在地上（"立即丢掉""任它飘落"与之前的"小心翼翼"形成鲜明的对比，衬托出"我"发现猎物时的机敏和强烈反应）。

吉姆汪汪地叫着，沿着溪边跑。它的短尾巴甩得更快、更有力了。

我急急忙忙向溪边走，想赶到狗的前面，可已经来不及了——一只刚才一直没被我们发现的鸟，此时轻轻地扇动着翅膀，从一棵盘曲的赤杨树后面飞走了。

它在赤杨树后径直往上飞呢——原来是一只野鸭。我慌里慌张地来不及瞄准，举枪就放，霰弹穿过树叶，击中了野鸭。野鸭一头栽进溪水里。

这一切太突然了，简直就像我压根没开过枪似的，而是用魔法击中了它，我脑子里刚有这个想法，野鸭就掉下来了（用夸张手法突出强调了"我"难以置信的心理状态）。

吉姆已经游过去，把战利品衔上岸了。吉姆顾不得先抖落自己身上的水，它把野鸭紧紧地叼在嘴里（野鸭的长脖子一直耷拉到地上），送到我手里。

"谢谢你啊，老伙计！谢谢你啊，亲爱的！"我弯下身子，抚摸了一下吉姆。

可它却在这时抖起身上的水来了，水星子溅了我一脸。

"嗨！这个没礼貌的家伙！躲开！"吉姆这才跑了。

我仅用两个手指就把野鸭的嘴尖捏住了，拎起它来掂掂分量。好家伙！真够沉的！可是它的嘴巴挺结实，都没有折断。如此看来，这是一只成年野鸭，不是今年新孵出来的。

我的两条猎犬又汪汪叫着，往前跑了。我急忙把野鸭挂在子弹袋的背带上，紧追了几步，一边跑，一边重新装上子弹。

狭窄的溪谷从这里逐渐变得开阔起来，有一片沼泽直通到高岗的斜坡脚下，只见无数个草墩和遍地的苔草（从这段环境描写可以看出"我"行踪的转移，交代了背景环境）。

吉姆和鲍依又钻进附近的草丛。它们在那儿会有什么新发现吗？

此刻，好像全世界都在这片小小的沼泽地里了。我身为猎人唯一的愿望，就是想快点看到两条猎犬在草丛里嗅到了什么，会有什么野禽飞出来，可别把它放跑了啊！

我的两条短腿猎犬隐没在茂盛的草丛里。不过，它们的耳朵像大翅膀似的，在草丛里扑扇着。原来它们在做"搜索跳跃"——跳起身来，搜索附近的猎物。

只听见"噗"的一声——活像把皮靴从沼泽地里往外拔时听到的那种声音——草墩子上飞出一只长嘴沙锥。它飞得低低的，快速地曲折前进着。

我瞄准它打了一枪，可它还在飞。

它在空中盘旋了好几圈，然后伸直双腿，落在我身旁的一个草墩子上。它站在那儿，用长嘴巴支着地，好像一把剑插在地上（形象的比喻再现了当时的场景，也可以看出长嘴沙锥的嘴巴的确很长）。

离我这么近，而且还老老实实地待在那儿，我倒不太好意思打它了。

这时，吉姆和鲍依跑回到我身边了。它们又把长嘴沙锥撵起来了。我用左枪筒射击，还是没打中！

哎呀！真不像话！我打了 30 年猎，少说也打过几百只沙锥了，可是一见野禽飞起来，心里还是会发慌。这回又操之过急了！

唉，又有什么办法呢？现在，我得找几只琴鸡了，要不塞苏伊奇看见我的猎物后，又该瞧不起我、笑话我了。城里人把沙锥当成珍稀野味儿，可乡下人却不把它当回事儿——这么小的鸟，都不够塞牙缝的（表现了"我"当时既自责惭愧又无奈的内心状态，渲染出失落压抑的氛围）！

在高岗后面的什么地方，传来塞苏伊奇的第三次枪响。估计到这会儿，他至少已经打到 5 千克的野味儿了。

我蹚过小溪，爬上陡坡。此处居高临下，能看到西边很远的地方：那儿有一大片被砍伐的林中空地；再过去一点，就是燕麦田了。喏，那不是拉达一闪而过的身影吗？那不是塞苏伊奇吗？

啊！拉达站住了！

塞苏伊奇走过来了，瞧！他放枪了——"砰！砰！"连发两枪。

拉达过去捡猎物了。我也不该闲着了。

我的两只猎犬钻进了密林。我有这样一个狩猎原则：如果我的猎犬钻进密林，我就顺着林间小路走。

林中空地非常宽阔，如果你看到鸟儿飞过，尽管开枪吧。只要猎犬把鸟儿往这边撵就行了。

鲍依汪汪直叫，吉姆也跟着叫了起来。我急忙往前走去。

我已经走到猎犬前边了。它们还在那儿磨蹭什么呢？一定是有琴鸡。我知道琴鸡总是飞到高处去，引得猎犬跟着到处跑。

"嗒，嗒，嗒，嗒，嗒！"果然有一只琴鸡冷不防飞出来了，它浑身乌黑，黑得就像一块焦炭（简短的一句话却从声音、动作、外形三方面对琴鸡进行了生动的描述，语言精练）。它沿着林间小路疾飞而去。

我端起双筒枪紧随其后，双管齐发。可琴鸡却拐了个弯儿，消失在几棵高大的树木后了。

难道我又没打中吗？不可能啊！我瞄得挺准的……

我吹了个口哨，唤回了我的两条狗，让它们钻进林子里去找那只消失的琴鸡。我找了一会儿，两条猎犬也找了一阵，可都没找着。

唉！真让人恼火。今天真倒霉！可是对谁撒气呢——猎枪是地地道道的好枪，子弹是自己亲手装的。

我打算再试一试，也许去小湖边运气能好点。

我又回到了林间空地上。离空地大约半公里处，就是一个小湖。此时，我的心情坏透了，两条猎犬也不知道跑哪儿去了，怎么唤也不回来。

去它们的吧！我一个人去。

可此时，鲍依不知道又从什么地方钻了出来。

"你跑到那儿去了？你想干什么啊——你以为自己是猎人，我倒成了你的助手，只管替你放放枪，是吧？那好啊，你把枪拿走，你去放枪吧！怎么？你不会吗？喂！你为什么四脚朝天躺在地上啊？想道歉？想得美！往后你得听话呀！总而言之，你们这种短腿猎犬都是蠢东西。长毛大猎犬可不像你们那么笨，它们可会指示猎物。

"要是带上拉达打猎，一切就简单多了。我也能百发百中。野禽在拉达跟前，就像是被绳子拴住了似的。那样的话，打中它能有什么困难呢（"我"的这段话表面上是在责怪猎犬，实际上是责怪自己）？"

走过几棵大树后，前面就是银色的小湖了。我的心中又充满了新的希望。

湖岸边长满了芦苇。鲍依已经"扑通"一声跳进了湖里，一边向前游着，一边把高高的绿色芦苇碰得东倒西歪。

鲍依忽然大叫了一声，一只野鸭从芦苇丛里飞了出来，"嘎嘎"地叫着。

野鸭刚飞到湖心上空，我就一枪打中了它。它长脖子一歪，"啪嗒"一声掉进湖里，肚皮朝上地浮在水面上，两只红鸭掌在空中乱划。

鲍依向它游去，正要张开嘴咬住它时，野鸭突然钻到水下，不见了。

鲍依被它弄得莫名其妙：这是跑到哪儿去啦？鲍依在原地转啊转啊，可野鸭还是没有出现。

忽然，鲍依也一头钻进水里去了。这是怎么回事儿呢？是被什么东西给绊住了吗？沉到湖底去了吗？这可怎么办（刻画出了"我"当时手足无措的心理，野鸭浮出了水面，慢慢地向湖岸游了过来。它游的姿势很特别：侧着身子，头浸在水里。

啊！原来鲍依衔着它呢！野鸭挡住了它的小脑袋，所以看不见。真是太棒了！它竟潜到水里将猎物叼回来了。

"真能干呀！"塞苏伊奇的声音传来。他悄悄地出现在我身后。

鲍依游到湖岸边的草墩子旁，爬了上去，把野鸭放下，抖了抖身上的水。

"鲍依！你可真不害臊！还不马上叼起野鸭，送到我这里来！"

它真不听话——竟然对我不理不睬！

这时吉姆也不知从哪儿跑过来了。它游到草墩子旁，生气地对儿子怒吼了一声，然后叼起野鸭就给我送来了。

吉姆抖了抖身子，钻进了灌木丛。它又带给了我一个意外的惊喜——从灌木丛里叼出了一只死琴鸡！

怪不得半天没露面呢，原来是去林子里找琴鸡了！没准它一直在追踪那只被我打伤的琴鸡，找到它后，又衔着它跟在我身后足足跑了将近半公里路（先抑后扬，情节起伏变化，更能感染读者）。

有两条这样的狗，在塞苏伊奇面前，我是多么的自豪啊！

吉姆真是一条忠实的老猎犬！它老老实实、尽心尽力地为我服务了11个年头，从没偷过懒。可是狗的寿命很短暂——这是它最后一年跟我出来打猎了吧！以后，我还能找得到像你这样的朋友吗？

当我坐在篝火旁喝茶的时候，这些念头都涌上了心头。身材矮小的塞苏伊奇，手脚麻利地把他的猎物挂在白桦树枝上：两只小琴鸡，两只沉甸甸的小松鸡。

这3条狗蹲在我身旁，贪婪地盯着我的一举一动，能不能分给它们一小块吃呢？

当然有它们的份儿：它们干的活儿都很棒，真是好样的狗。

已是正午时分，天蓝蓝的、高高的，头顶上白杨树的叶子抖动着，发出一阵阵窸窣声。

此刻真是太美妙了！

塞苏伊奇也坐下来心不在焉地卷着纸烟。他在沉思着什么。

太好了！看起来，我马上就能听到他狩猎生涯中的另一件趣事了。

现在正是打新出窠的鸟儿的时候，每个猎人都要费尽心机，才能猎得机警的鸟儿。不过，如果他没有事先了解野禽的生活习性，光凭心机是不行的。

打 野 鸭

猎人们一早就注意到了：当小野鸭学会飞的时候，大大小小的野鸭就会成群结队飞行。一昼夜间飞两个来回，搬两次家。天一亮，它们就钻进茂密的芦苇丛里睡觉、休息。等太阳一落山，它们就从芦苇丛里飞了出来。

猎人守候已久，他知道野鸭们会飞到田里去，所以就在附近等它们。他在岸边的灌木丛里藏身，脸朝着水面，遥望着夕阳。

对猎人们潜伏时的状态描写得很细致，更能体现猎人等待猎物时的全神贯注。

夕阳西落之处，宽宽的晚霞将天空烧红了一大条。晚霞映衬出一群群野鸭的黑色身影。它们朝着猎人径直飞过来了。猎人很容易就能瞄准它们。猎人出其不意地从灌木丛后面对这群野鸭放枪，一准能打中好几只。

他一枪接一枪地放着，直到天黑才停手。

夜里，野鸭在麦田里找食吃。

清晨，它们又飞回芦苇丛。

猎人在它们的必经之路上埋伏着呢！此时，他脸朝东方，背对着水面。

一群群野鸭，又径直冲着猎人的枪口飞过来了。

好　帮　手

一窝小琴鸡正在林间空地上找食儿吃。它们总是紧挨着林子边——万一发生什么意外，它们就能立刻逃到林子里。

它们在啄浆果呢。

有一只小琴鸡听到草丛里沙沙作响，它抬头一看，草丛中探出一张可怕的兽脸，又肥又厚的嘴唇耷拉了下来，两只贪婪的眼睛死死地盯住伏着的小琴鸡（从侧面反映出小琴鸡当时惊慌害怕的心理）。

小琴鸡缩紧身子，变成了一个有弹性的圆团儿，琴鸡和野兽四目相对，等待着，想知道接下来会发生什么。只要那野兽往前挪一步，小琴鸡就会扑扇它那对强有力的翅膀，闪到一旁，飞上去——有本事，就到空中捉它吧！

时间过得真慢！那张兽脸还在对着小琴鸡。小琴鸡胆小，没敢飞起来。那家伙也没敢动弹。

突然有个命令的声音：“往前走！”

那野兽扑上前去，小琴鸡扑腾着飞了起来，像一支箭似的，飞奔着逃向救命的森林。

“砰”的一声，火光一闪，一股青烟从森林里冒了出来。小琴鸡一个跟头栽到了地上。

猎人拾起小琴鸡，又吩咐猎犬往前走。

“轻一点！好好找，拉达，再好好找……”

高大的云杉林一片漆黑。

四周静寂无声。

太阳刚落山。猎人从容不迫地在静悄悄、直溜溜的树干间穿行。

前面传来一阵响声，好像是风吹着树叶的沙沙声——前面有一片白杨树林。

猎人站住了。

四周又安静了。

接着，声音又响起来了。好像是几个稀疏的大雨点儿，啪啪地落在树叶上。

"咔嚓，咔嚓，吧嗒，吧嗒，吧嗒……"

猎人蹑手蹑脚地向前走，离白杨树林越来越近。

"咔嚓，吧嗒，吧嗒，吧嗒……"又没声音了。

隔着浓密的树叶，根本什么都看不清楚。

猎人停下脚步，站着不动。

比比看谁更有耐心：是躲在白杨树上的鸟儿，还是潜伏在树下，带着枪的人？

长时间的沉默。周围静极了。

后来又有声音响起："吧嗒，吧嗒，咔嚓……"

哈哈，这回你可暴露了。

一只黑鸟儿蹲在树枝上，用嘴啄着白杨树叶的细细的叶柄，发出"吧嗒吧嗒"的响声。

猎人精确瞄准它开了一枪。于是，这只粗心大意的小松鸡，就像沉甸甸的面团一样，从树上掉了下来。

这是一场硬碰硬的战斗。野禽隐蔽得很好，猎人也悄无声息。

要比的是：谁先发现对方；谁的耐心更大；谁的眼睛更尖！

下面讲的是一场智斗。

猎人沿着小径，静静地在茂密的云杉林中穿行。

"扑啦，扑啦啦，扑啦啦！"

从猎人的脚边，飞起一窝琴鸡，8只，不，有9只呢！

猎人还来不及端起枪，琴鸡就已经纷纷落到茂密的云杉树枝上了（侧面衬托出琴鸡的动作敏捷）。

最好不要白费力气去找它们，反正也看不清它们落到哪里了——就是把眼睛睁得很大，也是看不清楚的。

猎人躲在小径旁的一棵小云杉后面。

他从口袋里掏出了一支短笛，吹了一会儿，然后又坐在小树墩子上，扳起扳机。他又把短笛送到嘴边。

好戏就这样开始了（设置悬念，引人入胜）。

小琴鸡都藏在林子里不出来，躲得稳稳当当的。在琴鸡妈妈没发出"可以"的信号之前，它们是不敢乱动的，也不敢出声。每一只琴鸡都老老实实地待在自己的那根树枝上。

"噼，依，噼克！噼，依，噼克！噼克，特儿！"

这就是信号，意思就是：可以啦……

"噼，依，噼克，特儿……"

这是琴鸡妈妈肯定地说："可以了！可以了！飞过来吧！"一只小琴鸡悄悄地从树上溜下来，落在地上。它仔细地倾听着，可是妈妈的声音到底是从哪儿传出来的呢？

"噼，依，噼克！特儿，特儿！"意思就是："在这儿，快来吧！"

小琴鸡跳到小径上了。

"噼，依，噼克，特儿！"

原来在这儿呀，就在小云杉后面，在树墩子那儿。

小琴鸡沿着小径拼命地跑——直冲着猎人的枪口跑过来了。

猎人一枪打下去，又拿起短笛来继续吹。

笛声酷似琴鸡妈妈的尖细声音："噼克，噼克，噼克，特儿！"

又有一只小琴鸡上当了，乖乖地送死来了（结尾解释小琴鸟会来乖乖送死的原因并收束全文，让人回味无穷）。

《森林报》特约通讯员

阅读鉴赏

这章的猎事记写得很精彩！本章描述两个猎人不同的打猎故事，情节一波三折，语言生动活泼，写得饶有趣味！从中作者告诉我们一些道理——真正优秀的猎人，要学会等待，要知己知彼，有勇有谋。还有，你的猎犬也很重要哦！在生活中，你是不是个优秀的"猎人"呢？

拓展阅读

西班牙猎犬

　　西班牙猎犬类型甚多。最早可能在西班牙育成，故得名。西班牙小猎犬是已知的陆地西班牙猎犬中最古老的品种之一。西班牙小猎犬是一种温和、忠诚的狗。它又是一种高贵的狗，有时会避开人类，有时又显示出顽皮、友爱的天性。它对主人和家庭的爱及忠诚，它的警惕和勇气都是其标志性的特征。

读 后 感

和动物交朋友

夏　羽

　　阅读《森林报·夏》，你会深刻地感受到原来所有的动植物都是有感情的，它们共同生活在森林这个大家庭里，看起来似乎无时无刻不充满了杀机，但实际上又处处充满着温情。

　　森林中的生物链是残酷的，生物们为了生存而捕食比自己弱小的生物，又四处躲避比自己强大的生物。可是为了维持生态平衡，还是有很多生物成为敌人口中之食，自然界的弱肉强食实在是让人震撼。可是森林中那些生物的生生不息又让我由衷佩服，它们并不会因为森林充满凶险就失去活着的勇气，相反它们会为了生存而勇敢与命运做斗争，它们也用自己的智慧勇敢地与自己的敌人周旋，它们也懂得用团结的方式来保护自己，它们甚至也有无私奉献的精神，为了同伴能逃出敌人的魔掌而牺牲自己。

　　"有一天，我正沿着窄窄的水湾走着，突然从草丛里飞出几只野鸭，其中也有那只白野鸭。我举起枪，朝它就放。但是，在开枪的一刹那，白野鸭被一只灰野鸭给挡住了。灰野鸭被我的霰弹打伤，掉了下来。白野鸭却和别的野鸭一起逃走了。这难道只是偶然的吗？当然！不过，在那年夏天，我在湖中心和水湾里，还看见过这只那只白野鸭好几次。它总是由几只灰野鸭陪伴着，好像它们在保护白野鸭。那么，猎人的霰弹当然会打在普通灰野鸭身上了，白野鸭安然无恙地在它们的保护下飞走了。"

　　野鸭保护自己的同伴，这是出于它们的本能。看到这样的文字，我们怎么能不为之动容呢？这样感人的画面在这本书中比比皆是，让我们看到了动物世界里的温情与感动，并让我们知道在地球上，并不只有人类是感性的动物。

在《森林报·夏》中，我最喜欢的就是最后一个月的"猎事记"了，讲述了一个猎人和自己的朋友带着他的两条猎狗去森林打猎的故事，一开始他的猎狗总是不听他的指挥，在森林里乱窜，这让他很气恼，可后来才发现他的猎狗是为了去寻找丢失的猎物。猎人也被他忠实的老朋友感动了，从而伤感地意识到这是这位老朋友陪伴他打猎的最后一年……

其实，动物和人也是可以做朋友的，时间久了，动物与人之间也会产生深厚的感情，这是我阅读《森林报·夏》最深的感触。

自然之旅

贾 媛

无论任何性别、任何年龄段、任何文化背景的人，只要打开这本书——维·比安基的名著《森林报》，都会进入一个新奇瑰丽的世界，开始一段浪漫清新的自然旅行。

维·比安基生于 1894 年，逝于 1959 年，是苏联著名儿童文学作家，《森林报》是其最著名的代表作。作者采用报刊的形式，以春夏秋冬四季为序，向我们真实生动地描绘了发生在森林里的爱恨情仇、喜怒哀乐。

阅读这本书，你会发现所有的动植物都是有感情，爱憎分明的。它们共同生活在森林里，静谧中充满了杀机，追逐中包含着温情，每只小动物都是食物链上的一环，无时无刻不在为生存而搏斗。正是在这永不停息的搏斗中，森林的秩序才得到真正有效的维护，生态的平衡才得以维持。

在《森林报》中，动物们之间的斗争与协作精彩纷呈，看似无知无识的花草树木之间也不像表面上看起来那么平静。挺直的树干里酝酿着骇人的阴谋，飘忽的风絮里隐藏着殖民者的勃勃野心，翠绿的枝叶既是遮阳的温情大伞，又是张牙舞爪的无情利剑。

　　读一读陆续播出的"林中大战"的故事吧，一切都从伐木工人生产作业后的那片空地开始，一切都在无边的安静和温柔的风声中进行。先是云杉将自己的球果撒满了空地并长出了小树苗，当春天到来时，这些可怜的小树苗却被野草紧紧缠绕和封锁，几乎完全失去了战斗力。这时，一直在河对面隔岸观火的白杨已经看准时机，准备远征了。它们的花序张开了，每一个花序里面都飞出几百个带白色刷毛的小种子，被风吹过河，均匀地散布在整个被野草和云杉占领的空地上。这时云杉已经在和野草的战争中逐渐占了上风，不但完全摆脱了野草的围追堵截，而且还用黑黝黝的树荫去蛮横地掠夺白杨头顶的灿烂阳光。在强大的对手面前，弱小的白杨树苗一棵接一棵地憔悴枯萎了。眼看云杉就要赢得最终的胜利，可是别高兴得太早，又一批乘着滑翔机的敌国伞兵在空地上登陆了，一登陆就钻进泥土里潜伏起来，它们是白桦的种子……

　　读这本书，我们可以知道很多动植物的名字，了解它们的生活习性、生长特点。孔子鼓励人们多识鸟兽草木之名，这话是两千多年前说的，对我们现代人更有意义。对自然的日益远离使人们除了金钱和钢筋混凝土之外，什么也看不见，什么也不认识。于是我便特别看重《森林报》里关于发生在森林里的各种事件与秘闻的报道，因此也特别感谢写出这份"报纸"的维·比安基。是他和他的"报纸"给了我一次间接亲近自然的机会，给了我直接步入自然的动力，让我萌生回归自然甚至是到自然界中短暂做客的冲动。

考点精选

一、填空题

1.《森林报》共有_____、_____、_____、
_____四册，每本书里都藏着许多生物的奥秘。

2._____的雌鸟一点儿都不关心自己的孩子，而雄鸟留在
那里孵蛋，喂养宝贝，保护孩子；_____的嘴是尖尖的，
它跟野鸭长得很像。

二、选择题

1.仔细分辨一下，看看这四种鸟中，哪一种是益鸟。（　　）

A. 老鹰　　　　　　　　B. 猫头鹰

C. 大隼　　　　　　　　D. 大雕

2.哪一种鸟具有孵卵寄生性，将自己的雏鸟放在别的鸟窝里寄养。
（　　）

A. 鹡鸰　　　　　　　　B. 家燕

C. 黄鹂　　　　　　　　D. 杜鹃

3.北半球全年中白天最长的一天是（　　）

A. 6月12日　　　　　　B. 6月22日

C. 5月22日　　　　　　D. 7月22日

4.（　　）是整个夏季的领导者。

A. 七月　　　　　　　　B. 六月

C. 五月　　　　　　　　D. 八月

5."林中大猫"是指（　　）。

A. 猞猁　　　　　　　　B. 浣熊

C. 狐狸　　　　　　　　D. 豹子

三、概述题

读了《森林报·夏》，我们能从中发现森林有好多优点呢！请举例说明一下吧！

_____

_____

_____

_____

_____

_____

参考答案

一、填空题

1.《春》《夏》《秋》《冬》

2. 红颈瓣蹼鹬　　小鹏鹏

二、选择题

1. B　　2. D　　3.B　　4.B　　5.A

三、概述题

参考答案：烈日当头，当我们正被火辣辣的太阳晒得汗流浃背时，森林的树叶层层叠叠地拦住了毒辣的太阳；当我们被太阳烤成一个个"人形香肠"的时候，森林却显得一派凉爽、宁静；一边是盛夏的火炉天，一边却是凉爽的初秋天，森林给人们创造了一个舒适的环境，让人们得以放松和休息；在森林里，你可以找到可口的野味。总而言之一句话，大森林里到处都是宝。

编者声明

　　本书由全国资深教育专家和百位优秀一线教师为广大学子精心制作，在编辑的过程中，我们参阅了一些报刊和著作。但由于联系上的困难，加之部分作者的通信地址不详，一时未能与某些作者取得联系。在此谨致歉意，并敬请作者见到本书后，及时与我们联系，我们将按国家相关规定支付稿酬。

"超级阅读"编辑部

联系电话：010-51650888

邮箱：supersiwei@126.com